2023 年主题出版重点出版物

生态第一课

写给青少年的 绿水青山

◎ 李长安　主编

◎ 崔云鹤　郭恒源　副主编

中国的沙

中国地图出版社

·北京·

图书在版编目（CIP）数据

写给青少年的绿水青山．中国的沙 ／ 李长安主编
． —— 北京 ：中国地图出版社，2023.12
　（生态第一课）
　ISBN 978-7-5204-3744-8

　Ⅰ．①写… Ⅱ．①李… Ⅲ．①生态环境建设－中国－
青少年读物 ②沙漠－生态环境建设－中国－青少年读物 ③
戈壁－生态环境建设－中国－青少年读物 Ⅳ．
① X321.2-49

中国国家版本馆 CIP 数据核字 (2023) 第 244047 号

SHENGTAI DI-YI KE XIE GEI QINGSHAONIAN DE LYUSHUI QINGSHAN ZHONGGUO DE SHA
生态第一课·写给青少年的绿水青山·中国的沙

出版发行	中国地图出版社	邮政编码	100054
社　　址	北京市西城区白纸坊西街 3 号	网　　址	www.sinomaps.com
电　　话	010-83490076　　83495213	经　　销	新华书店
印　　刷	河北环京美印刷有限公司	印　　张	9
成品规格	185 mm × 260 mm		
版　　次	2023 年 12 月第 1 版	印　　次	2023 年 12 月河北第 1 次印刷
定　　价	39.80 元		
书　　号	ISBN 978-7-5204-3744-8		
审 图 号	GS 京 (2023) 2090 号		

本书中国国界线系按照中国地图出版社 1989 年出版的 1:400 万《中华人民共和国地形图》绘制。
如有印装质量问题，请与我社联系调换。

《中国的沙》编辑部

策　　划　孙　水

统　　筹　孙　水　李　铮

责任编辑　李　铮

编　　辑　周　际　杨　帆　郝文玉　朱晓晓

插画绘制　原琳颖　王荷芳

装帧设计　徐　莹　风尚境界

图片提供　视觉中国

前　言

生态文明建设关乎国家富强，关乎民族复兴，关乎人民幸福。纵观人类发展史和文明演进史，生态兴则文明兴，生态衰则文明衰。党的十八大以来，以习近平同志为核心的党中央以前所未有的力度抓生态文明建设，将生态文明建设纳入中国特色社会主义事业"五位一体"总体布局，建设美丽中国已经成为中国人民心向往之的奋斗目标。生态文明是人民群众共同参与共同建设共同享有的事业，每个人都是生态环境的保护者、建设者、受益者。

生态文明教育是建设人与自然和谐共生的现代化的重要支撑，也是树立和践行社会主义生态文明观的有效助力。其中，加强青少年生态文明教育尤为重要。青少年不仅是中国生态文明建设的生力军，更是建设美丽中国的实践者、推动者。在青少年世界观、人生观和价值观形成的关键时期，只有把生态文明教育做好做实，才能为未来培养具有生态文明价值观和实践能力的建设者和接班人。

为贯彻落实习近平生态文明思想，扎实推进生态文明建设，培养具有生态意识、生态智慧、生态行为的新时代青少年，我们编写了这套《生态第一课·写给青少年的绿水青山》丛书。

丛书以"山水林田湖草是生命共同体"的理念为指导，分为8册，按照山、水、林、田、湖、草、沙、海的顺序，多维度、全景式地展示我国自然资源要素的分布与变化、特征与原理、开发与利用，介绍我国生态文明建设的历史和现状、问题和措施、成效和展望，同时阐释这些自然资源要素承载的历史文化及其中所蕴含的生态文明理念，知识丰富，图文并茂，生动有趣，可读性强，能够让青少年深刻领悟到山水林田湖草沙是不可分割的整体，从而有助于青少年将人与自然和谐共生的理念和节约资源、保护环境的意识内化于心，外化于行。

人出生于世间，存于世间，依靠自然而生存，认识自然生态便是人生的第一课。策划出版这套丛书，有助于我们开展生态文明教育，引导青少年在学中行，行中悟，既要懂道理，又要做道理的实践者，将"绿水青山就是金山银山"的理念深植于心，为共同建设美丽中国打下坚实的基础。

这套丛书的编写得到了中国地质科学院地质研究所、中国水利水电科学研究院、中国水资源战略研究会暨全球水伙伴中国委员会、中国科学院植物研究所、农业农村部耕地质量监测保护中心、中国科学院南京地理与湖泊研究所、中国地质大学（武汉）地理与信息工程学院、自然资源部第二海洋研究所等单位的大力支持，在此谨向所有支持和帮助过本套丛书编写的单位、领导和专家表示诚挚的感谢。

本书编委会

图 例

地 理 地 图

★北京　　　首都

⊙武汉　　　省级行政中心

○厦门　　　城镇

————未定　国界

·············　省级界

— — — — —　特别行政区界

〰　　　　　海岸线

〰　　　　　河流、湖泊

〰　　　　　时令河、时令湖

┴┴┴┴┴　运河

▲　　　　　山峰

∷∷∷　　　沙漠

历 史 地 图

◎ **长安**　　都城

⊙敦煌郡　　郡级驻所
　　　　　　(同今省级行政中心)

○楼兰　　　重要地点

〰　　　　　时令河、时令湖

◗　　　　　湖泊

〰　　　　　河流

目 录

第三章　神州大漠细盘点

第四章　百样玲珑漠生灵

第五章　森罗万象漠宝藏

第六章　草枯沙翻换新颜

第一章

独有千秋九州沙

"独有千秋"出自清朝张履的《学箴六首示诸生》，意为独具流传久远的价值。自古以来，人类就与沙漠共生，或拥入她的广袤，思索她的荒凉；或享受她的保护，体会她的孤寂。中国是世界上沙漠最多的国家之一，沙漠（含沙地）总面积达68.78万平方千米，约占国土面积的7.16%。在岁月的长河中，中华儿女用自己的勤劳与智慧将中国沙漠的"独有千秋"彰显得淋漓尽致。

第一节　天荒地老大漠孤

一提到沙漠，在人们眼前浮现的便是无边无垠的荒凉景象。能赋予沙漠的形容词只有"孤独""寂寥""荒凉""渺无人烟"吗？

⌃ 沙漠里的落日

"大漠孤烟直，长河落日圆"这一流传千古的佳句出自唐朝诗人王维所作的脍炙人口的《使至塞上》。黄沙莽莽，无边无际，远方烽火台上燃起的滚滚浓烟直冲云霄，格外醒目。由于沙漠中少有山峦、树木遮挡视线，诗人能清晰地看到贯穿沙漠的河流奔腾到远方也未停歇。此时落日悬于天空，火红浑圆，诗人在工作中被排挤而产生的寥落的情绪在大漠的雄浑景色中得到了升华，产生了慷慨悲壮之情，显露出一种旷达情怀。

沙漠中的孤寂与顽强

荒凉的沙漠中是否也蕴藏着生命的迹象呢？历经无数个春秋冬夏，沧海桑田，至今仍有中华民族的子孙生存于大漠之中，品味孤寂之美，铸就顽强之魂。

塔克拉玛干沙漠位于新疆维吾尔自治区西南部，面积约33.76万平方千米，是中国最大的沙漠。这里的气候极度干燥，年降水量不足50毫米，因此有人说，塔克拉玛干沙漠是"万物一入不复还"的绝地。但就在这片广袤无垠的绝地中，生活着一群充满神秘色彩的居民——克里雅人。纪录片《最后的沙漠守望者》记录了克里雅人在沙漠中的生存故事和绝美的沙漠风光。通过普通人的故事，展现了久居沙漠中的克里雅人对家园令人动容的热爱和孤独的坚守。

生活在新疆维吾尔自治区塔里木盆地南部克里雅河两岸的人们，自古以来就把他们生活的地方称为"达里雅布依"。"达里雅"是河流的意思，"布依"是河沿的意思，"克里雅"是漂移不定的意思。在方圆近300平方千米的范围内，极分散地居住着近200户人家、1300多名克里雅人。久居大

🔺 克里雅人居住的村落

漠深处，面对严酷的自然条件，克里雅人的生活极其简单——一群羊、一口井、几间房足矣。

沙漠干旱，生活条件艰苦，但仍有一缕缕炊烟，存续于大漠之中，显示出大漠儿女顽强的生命力。

瀚海沙如海

斗转星移，沧海桑田，满目苍茫却似乎是沙漠的永恒样貌。悠悠岁月中，人们称呼沙漠的名字会变，但人们在沙漠中顽强生活的执着信念不会变。

△ 沙漠航拍图

《史记》《汉书》以"翰海"形容西北与北边的草原荒漠地貌。《后汉书》及其后的历史文献则多称其为"瀚海"，后来也有称沙漠为"旱海"的。清朝祁韵士的《西域释地》中写道，"瀚海：东至安西州，西至吐鲁番界，俱有沙碛，乏水草，不毛之地数百里，谓之瀚海，一作旱海，今呼为戈壁。"放眼望去，沙漠无边无际，无数沙丘堆叠，神似海上的滚滚波浪，恍惚间，我们仿佛看到了一片黄色的海洋，"旱海"之称确实形象。"旱海"这个称呼多见于宋史，如《宋史》卷二五四《药元福传》："朔方距威州七百里，无水草，号旱海……"

"瀚海沙如海，人烟自古空。"从古至今，人们赋予沙漠的多种称呼中都有"水"的存在（"瀚""海""沙""漠"的偏旁都是"三点水"），但沙漠却是最缺水的地方，降水量微乎其微、分布不均且蒸发量大，并不太适合人类居住。在如此干旱的地方，人们抬头看不到水，便开始低头去寻找地下的水资源——打造坎儿井（地下引水暗渠），将深处地下水变为浅层地下水，在有利地段使水流出地面成为明渠，以供灌溉和饮用。

新疆维吾尔自治区吐鲁番市亚尔乡坎儿井

荒凉中的悲壮与希望

广袤沙漠中流动的沙丘有的呈现出弯月形，有的呈现出抛物线形。大漠是如此有魅力，引无数文人墨客用文字描绘着他们眼中独特的沙漠之景，并借景抒情。

"日暮沙漠陲，战声烟尘里。""大漠穷秋塞草腓，孤城落日斗兵稀。"古时，沙漠是战事频发的地区，战场因此也被称作"沙场"。"醉卧沙场君莫笑，古来征战几人回。"沙漠本就黄沙漫天、万物寂寥，加上战事频发，在多数人眼中沙漠悲苦至极。

　　但是，就像刘禹锡所说的"自古逢秋悲寂寥，我言秋日胜春朝"，虽然多数人看到沙漠想到的都是消极的一面，但也总有人能看到沙漠中的美与希望——"大漠沙如雪，燕山月似钩"。这句诗的作者李贺看到的是皎洁的月光洒在沙漠中，仿佛一层皑皑白雪覆盖其上；月牙高悬，似一把锋利的兵器，在这战争频发的沙场，作者看月似钩，是希望有朝一日能被重用，为国家挥洒一腔热血。

⌃ 大漠沙如雪，燕山月似钩

楼兰故城的神秘与沧桑

楼兰故城，是汉魏西晋时期的古城遗址，位于新疆维吾尔自治区若羌县罗布泊西北。这里曾是水源充足的肥美之地，且有一条大致呈西北—东南走向的古河道贯穿城中，可如今只剩下灼热的风沙和龟裂的土地。这里到底经历了怎样的沧桑变化？岁月更迭，千年光阴，连绵大漠中的楼兰慢慢被揭开了神秘面纱。

"黄沙百战穿金甲，不破楼兰终不还。"楼兰是古代西域三十六国之一，东与甘肃省敦煌市相接，是东西交通的咽喉，以致楼兰成了汉匈争夺西域的关键所在。汉武帝时期，初通西域的使者往来都要经过楼兰，因此楼兰在中西文化交流史上占有重要地位。

整个楼兰故城占地面积 10 万多平方米，城里居住着 1570 户、14 100 人。楼兰原本是一个随水而居的半耕半牧的部落，在丝绸之路开通后，其他文明（尤其是汉文明）的传入才加速了楼兰城市文明的发展。但是，这并未改变楼兰国小兵弱的现实。为了生存，楼兰只好采取"两属（西汉和匈奴）以自安"的举措。后因楼兰王受匈奴唆使数次截杀汉朝使者，西汉发兵西域，楼兰降，改立国王，于元凤四年（公元前 77 年）改国名为鄯善。

根据中国古书记载，楼兰存在的最后时间是东晋十六国，当时楼兰是西域政治、军事、经济和文化的中心。可是，现在我们能看到的楼兰故城的遗址已经残破不堪了。

那么问题来了，为什么有的古代建筑就能保存完好，至少能辨认出建筑的外部轮廓或某个部分（柱子、墙壁、台阶等），而楼兰故城却如此残破呢？

让我们一起从楼兰城的外墙开始看起！楼兰城的城墙是用黄土夯筑的，结构疏松，所以经不起千百年来雨淋、风蚀等自然力破坏，有 10 多处都已经坍塌。而在城内的建筑中，只有用胡杨木建造的官方建筑的遗迹还依稀可辨，而如城墙一样主要用黄土夯实建造的市民住宅已不见踪迹。

◈ 楼兰故城残留的木结构

　　好在楼兰故城原有的整体空间布局还相对完整，根据其城内建筑的形式、功能与布局，可分为佛寺区、官署区和住宅区三部分。

楼兰故城内的建筑功能分区

　　佛寺区：位于城内东北方向的一处风蚀台地上，以一座方形底座、圆柱状塔身的佛塔为主体建筑。在佛塔不远处有两组木结构房屋。

　　官署区：位于城内西南方向的一处台地上，有较大的木构建筑和一组土坯建筑。此区东侧有三间土坯建筑房屋十分醒目，被称为"三间房"，其中出土了大量以汉文文书为主的官方文书文物。

　　住宅区：位于城内的西南部，残存的遗迹为院落式、单间或多间排列的木结构建筑。这些建筑大多用木柱作为框架，以红柳枝和芦苇作夹条为墙，外抹草泥建造而成。

楼兰故城小佛塔遗址

楼兰故城三间房（侧）遗址

1900 年，楼兰故城遗址被瑞典地理学家斯文·赫定意外发现。从被发现之日起，前往楼兰故城遗址探访的中外人士便络绎不绝，擅自旅游、探险考察甚至是私闯盗掘古遗址、古墓葬的人为破坏给本就被风雨剥蚀的残存楼兰故城遗址造成了雪上加霜的伤害。为保护这一珍贵的人类文明遗址，1988 年国务院将楼兰故城遗址列为全国重点文物保护单位。2007 年，楼兰故城遗址被列入丝绸之路，联合申报了世界文化遗产。

2011 年 5 月 3 日，楼兰博物馆正式对外免费开放，整座建筑具有浓郁的古楼兰建筑特色，建筑面积达 4688 平方米。馆内藏有各类文物 5717 件，其中一级文物 6 件、二级文物 17 件、三级文物 64 件。楼兰博物馆的创建，彻底揭开了楼兰的神秘面纱，生动地向世人展示了楼兰文化和楼兰故城的原貌。

楼兰博物馆

楼兰博物馆中的楼兰故城复原模型

有关丝绸之路的那些事

"劝君更尽一杯酒，西出阳关无故人。""羌笛何须怨杨柳，春风不度玉门关。"诗中提到的"阳关"和"玉门关"的选址都十分讲究，如果人们再向西，便进入了令人生畏的罗布泊荒漠。阳关和玉门关一度是中国人的心灵边界，关外是一个完全未知的世界。走出去，意味着无限的遥远与无穷的凶险。然而，遥远和凶险并没有成为阻碍中国人民探索未知领域的障碍。

自古以来，人们对于沙漠的认识，主要是通过政治往来、商业贸易、宗教传播等活动来获得并记录的。因此，古代游记著作中对沙漠自然环境的描述，以及对沙漠地区风土人情和经济社会发展情况的记述就成了现代人们学习研究沙漠文化及沙漠历史变迁的重要参考。

丝绸之路是东西方众多先驱（国王、使者、商人、探险家等）共同开拓的结果。丝绸之路有"陆上丝绸之路"和"海上丝绸之路"之分。中亚、南亚、西亚是陆上丝绸之路的必经之地，南海、红海、地中海是海上丝绸之路的必过之海，而印度洋则是海上丝绸之路的必跨之洋。

就陆道而言，丝绸之路西段的建设可追溯到亚历山大统治时期。公元前334年，马其顿国王亚历山大亲率3万余精兵东征波斯，最终马其顿胜。公元前327年，亚历山大率军来到中亚，灭掉波斯的地方政权巴克特里亚，于锡尔河上游修筑亚历山大里亚城，并派兵加强对这一地区的统治。此后百

⚠ 陆上丝绸之路路线示意图

余年间，中亚巴克特里亚地区的政权一直掌控在马其顿人和希腊人手里。虽然中国与西方国家之间在这时还没有建立起直接联系，但西方国家已经从各方获取了一些中国的资料。希腊人克泰夏斯在其作品中首次提到了东方远国"赛里斯"，"赛里斯"由此成为希腊对包括中国在内的东方国家的称呼。

陆上丝绸之路东段的开拓则要归功于汉武帝的使者张骞。他两次出使西域，打通了东西方交往的连接点，开阔了中国人的世界视野，开创了中西交流的新纪元。此后，东西方陆上交通大开。从中国西去求"奇物"者"相望于道"。后文我们会更加详细地介绍张骞出使西域这段历史。

丝绸之路的开辟，其价值不仅是交通方面的发展进步，更是拉近了亚欧各国各地区间的距离，密切了沿途各国人民之间的联系，加强了沿途各民族之间的交往，大大地推进了人类文明的进步。

第二节　尘封探秘话漠黄

广袤的大漠，金黄的沙海，展现着"独有千秋"的豪迈。中国沙漠在欧亚大陆腹地，海洋的水汽难以到达，因此干旱少雨。放眼望去，沙漠地区仿佛没有任何生命迹象，浓厚的神秘色彩催生出许多古老、神奇的传说故事。

"死亡之海"的过去与今朝

"塔克拉玛干"这个名字的由来与含义至今说法不一，最常被人们解释为"进去出不来""过去的家园"和"被遗弃的地方"。1895 年 2 月，瑞典探险家斯文·赫定带领一支队伍进入塔克拉玛干沙漠后遭遇沙暴，驼队和雇员几乎全部葬身沙海，他只身获救后惊呼其为"死亡之海"。

⌃ 塔克拉玛干沙漠

现在的塔克拉玛干沙漠仍如从前一般是"死亡之海",无人敢涉足吗?答案是否定的。中国人民用勤劳与智慧在沙漠里修建了世界最长的贯穿流动沙漠的等级公路——中国新疆塔克拉玛干沙漠公路。人们还实施了公路绿化工程,种植各类耐盐性较强的柽柳、梭梭、沙拐枣等防风固沙灌木2000多万株,营造出大片绿化带,逐步替代了原来的防风固沙草方格和草栅栏,同时也美化了环境。

除了修建公路,位于塔克拉玛干沙漠中的塔里木油田也得到了充分的开发。它既是中国陆上第三大油气田,也是中国西气东输的主力气源地。截至2023年1月底,塔里木油田累计生产天然气突破4000亿立方米。

塔克拉玛干沙漠中的公路

"魔鬼城"与雅丹地貌

位于中国新疆维吾尔自治区准噶尔盆地的乌尔禾风城，又叫"魔鬼城"。人们用"压顶黑云信敢瞧，鬼域自古荒郊外。须知可怕鬼门关，最数担惊魂离身"这样的诗句来描绘魔鬼城的怪异与惊悚。

⚠ 魔鬼城

早在 6500 年前的白垩纪，这里曾经是淡水湖泊，很多远古生物栖息于此。但因长期受地壳变化和干旱、大风天气的影响，最终造就了今日的"魔鬼城"。"魔鬼城"其实是一种典型的雅丹地貌。"雅丹"，维吾尔语意为"陡壁的小丘"。河湖相土状堆积物所组成的地面，经风化作用、间歇性流水冲刷和风蚀作用，形成与盛行风向平行、相间排列的风蚀土墩和风蚀洼地（沟槽）地貌组合。

△ 魔鬼城风光

鸣沙山的来历与声响

鸣沙山以沙动成响而得名，当你来到敦煌鸣沙山，你不仅会听到"鼓乐声"，还可能听到战场上的"厮杀声"。人们用"天地奇响，自然妙音"来形容鸣沙山的奇景。

这里流传着一个故事。从前，有一位骁勇善战的将军，他统领着"五色军"，"五色军"是指分别着红旗红甲、黄旗黄甲、绿旗绿甲、黑旗黑甲和白旗白甲的五路军队。有一年，朝廷命他西征，将军亲率五路大军出征，兵到之处，攻无不克，战无不胜，很快就消灭了来犯的敌军。在班师回朝的路上，军队在彼时水草丰美的鸣沙山安营扎寨三日。到了第三日深夜，将士们睡意正浓时，突然被四面八方涌来的强盗匪徒包围。他们来不及披甲上马，只得赤手空拳与敌人厮杀，不多时便伤亡惨重、血流成河。双方激战之时，突然狂风四起、黄沙漫天，顷刻间淹没了战场中的一切。

从此，原本青山绿水的鸣沙山变成了一片沙山。沙山每遇风起时，就自己轰隆隆地鸣响着，恰似两军厮杀之声，人们就此称之为"鸣沙山"。刮起

的沙粒有五种颜色，据说就是"五色军"的旌旗和铠甲变成的，这给鸣沙山又增添了一抹神秘的色彩。

沙子为什么会产生鸣响是一个有趣的科学问题，下面我们分别从发声机理和形成条件两方面来简单解释下鸣沙现象。

关于发声机理。目前关于鸣沙山的鸣响之谜科学家对此进行了科学的探究和推测，观点较多，主要有以下三种解释。

第一种：静电发声说。认为鸣沙山沙粒在人力或风力的推动下向下流泻，含有石英晶体的沙粒互相摩擦产生静电，静电放电，响声汇集，声大如雷。

第二种：摩擦发声说。认为天气炎热时，沙粒干燥、温度升高，这时沙粒稍有摩擦，即可发出爆烈声，众声汇合在一起便出现了轰隆之响。

第三种：共鸣放大说。认为沙山群峰之间形成了壑谷，是天然的"共鸣箱"。沙粒流泻时发出的摩擦声或放电声引起共振，经过共鸣箱的共鸣作用，放大了音量，形成巨大的回响声。

关于形成条件。经过专家学者调研发现，沙山的鸣响与地理条件和策动力（搅动沙子运动的力）有关。

在地形地貌方面，有研究者认为高大陡峭、背风向阳且成月牙状的沙丘，以及沙丘底下有水渗出形成泉、潭或大的干河槽是构成鸣沙现象的必备条件。同时，能构成鸣沙现象的地区还要具有特定的湿度、温度和风速条件，三者的变化会影响沙粒响声的频率和"共鸣箱"的结构。比如人们如果下雨天去看鸣沙，会发现原本存在的鸣沙现象消失了，这是因为温度和湿度的改变将鸣沙的"共鸣箱"结构破坏了。

在策动力方面，鸣沙的响声会伴随不同力量和速度的策动力作用发生变化。有人通过试验发现，从沙坡上一路快速往下滑，会听见轰隆隆的声音，如果动作放慢些，则会听见管弦鼓乐声。是真是假？有机会你可以到鸣沙上亲自做个试验。

"烟火之城"的炙热烈焰

"火云满山凝未开，飞鸟千里不敢来。"说起火焰山，相信大家都不陌生。火焰山究竟是只存在于神话故事中，还是真实存在于现实生活中的呢？火焰山是山上有火焰在燃烧，还是和地球上的活火山一样只在火山口可以看到滚烫的岩浆？如果火焰山上真的有火焰，那么这些火焰源自哪里？火焰山上到底有多热呢？

《西游记》第五十九回"唐三藏路阻火焰山，孙行者一调芭蕉扇"中对火焰山有这样的描述："……却有八百里火焰，四周围寸草不生。若过得山，就是铜脑盖、铁身躯，也要化成汁哩。"

关于火焰山的形成，《西游记》中也有描述，当年孙悟空大闹天宫，仓促之间，一脚蹬倒了太上老君炼丹的八卦炉，有几块火炭从天而降，所落之处就形成了火焰山。火焰山本来烈火熊熊，后来在护送唐僧取经的路上，孙悟空借用芭蕉扇，三下扇灭了大火，火焰山冷却后才成了今天这般模样。

现实中确实存在火焰山，其位于中国新疆维吾尔自治区吐鲁番盆地中北部，在古书中被称为"赤石山"，东西长约 100 千米，南北宽约 10 千米，海拔 500 米左右，最高海拔 882 米。炎热的夏季，火焰山山体在烈日照射下，裸露的表层温度可达 75℃，热浪翻滚，寸草不生，赤褐色的砂岩如熊熊烈火，故而得名"火焰山"。

火焰山有三个要素——凸起的山、红色岩石、火热的温度。凸起的山的形成是由于地壳的横向挤压，使红色的岩层褶皱隆起，后经地表流水侵蚀而残存了部分山体；红色岩石的成因是火焰山裸露的岩石中含有红棕色的三氧化二铁，所以整个岩石看起来是红色的；火热的温度是因为火焰山地处吐鲁番盆地，一年中有 100 多天日气温在 35℃以上，最高气温更是高达 47.6℃，太阳直射处更可达 80℃。

▼ 新疆吐鲁番火焰山金箍棒巨型温度计

第三节　补缀乾坤中华人

　　"补缀乾坤"出自《三顾茅庐》，意为缝补天地，比喻治理国家。虽然沙漠地区人迹罕至，自然条件艰苦，但是自古以来，中华民族一直不遗余力地利用沙漠、开发沙漠，创造着"独有千秋"的中国沙漠文化。

　　1995年，在我国新疆维吾尔自治区和田市民丰县的尼雅遗址中发现了一块具有两千多年历史的精美汉代织锦护膊，上面绣有"五星出东方利中国"几个大字。"五星同聚"是非常吉利的天象，"五星出东方利中国"表达了汉代时人们祈求国家强盛的美好愿景。

　　那么，中原地区的丝织品是如何出现在千里之外的尼雅遗址中的呢？

　　今天的"昆仑山下"是汉朝时期西域三十六国之一的精绝国所在地，也是丝绸之路南道的必经之地。西汉时期，张骞两次出使西域，建立起中原王朝和西域地区的密切往来关系。从那时开始，中华儿女就耕耘在"荒沙变宝"的漫漫征程中。

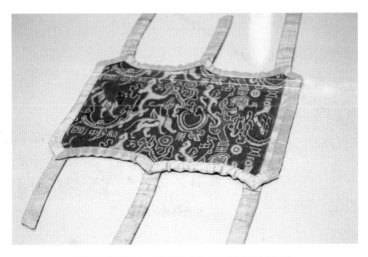

　　⚑ 五星出东方利中国，汉代织锦护臂

△ 西汉时期精绝古国位置简图

张骞凿空的伟大壮举

张骞是西汉时期的外交家，也是开拓丝绸之路第一人，他的两次出使加强了中原和西域的联系，为中外政治、经济、文化交流作出了伟大贡献。

司马迁在《史记·大宛列传》中写道："然张骞凿空，其后使往者皆称博望侯，以为质于外国，外国由此信之。"文中以"凿空"强调了"开通，通之"的意思，高度赞扬了张骞的历史功绩。

在西汉初期，中国北方游牧民族匈奴控制西域地区，并不断进犯中原。汉武帝即位后采取了一系列军事和政治措施反击匈奴；张骞作为使节，先后两次出使西域，打通了汉朝通往西域的道路。

△ 张骞出使西域雕像

张骞初次出使耗时长达 13 年，他一直跋涉于大漠荒原之中，途中还曾被匈奴俘获，遭拘禁十余年。面对危险，他始终持汉节不失，彰显了高尚的民族气节和大国外交家风范。

元朔六年（公元前 123 年），张骞又随大将军卫青出击匈奴，被封为"博望侯"。元狩四年（公元前 119 年）张骞奉命出使乌孙，并派他的副使出使大夏（今阿富汗境）、安息（今伊朗）等地，于元鼎二年（公元前 115 年）归。

张骞的两次出使，彻底打开了汉朝通往西域各地、连接亚欧的国际商道——这是一条东起西汉都城长安，经河西走廊，后出玉门关，过帕米尔高原到地中海沿岸，再由海路到达当时罗马的"丝绸之路"。

丝绸之路不仅加强了东西方经济文化交流，还扩大了中国在沿途各国的影响力。同时，西方的一些物产也通过丝绸之路传到中国。丝绸之路的影响离不开张骞的凿空之功。张骞的这种不辱使命、敢于冒险、百折不挠的精神在今天依然闪烁着耀眼的光芒。

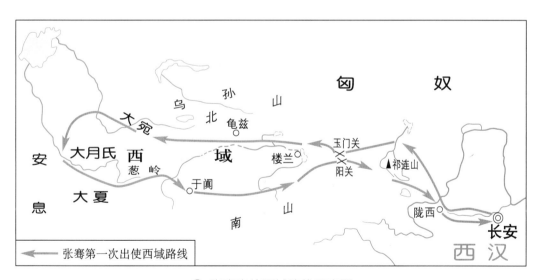

🔺 张骞出使西域路线示意图

年轻的僧人与《大唐西域记》

贞观三年（629 年，一说贞观元年），一名年轻的僧人开始了他长达十余年、历经 128 国、总行程达两万千米的探险。他通过唐朝玉门关，然后再经过 5 座烽火台，中途一直未见水草。沙漠中黄沙滚滚，白天层层热浪炙热无比，夜晚阵阵寒风刺骨难忍。更不幸的是，他在一开始就丢失了最重要的物品——水袋。而这些，只是探险最开始面临的来自大自然的考验。

后来，这位年轻人又经历了许多的磨难——翻越过无数座大大小小的山峰、在冰雪上席地而睡、遭遇雪崩……但他也遇见了两位重要人物（高昌国王麴文泰和西突厥首领统叶护可汗），他们不仅为他提供了大量物资和随行人员，还护送他继续完成后面的行程。最终这位年轻人到达印度，于印度佛教中心那烂陀寺（今比哈尔邦拉基吉尔镇附近）苦学五年，终于成为闻名遐迩的高僧。645 年，他回到了长安，并带回佛经 657 部，520 箧，以及一批佛像，并按照唐太宗的要求将一路见闻写成了《大唐西域记》。此书共 12 卷，十余万字，记载了玄奘亲身经历的 110 个和从传闻中得知的 28 个以上城邦、地区和国家的情况，成为中国人当时了解中亚与印度的百科全书。他，就是玄奘。

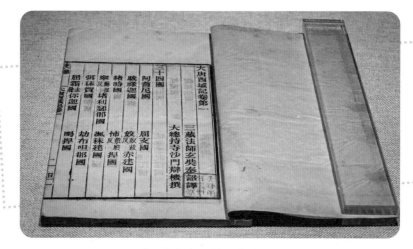

▲《大唐西域记》书影

"沙产业之父"的远瞻与当代实践

中国的"导弹之父"钱学森先生在 1984 年首次提出了沙产业理论，指出沙产业是以太阳为直接能源，靠植物的光合作用来进行产品生产的体系，为后续人们把握理解、充实发展沙产业奠定了理论基础，因此钱学森又被尊称为"沙产业之父"。

如果进一步解释"沙产业"的概念，即"以最少消耗水分，最大利用太阳能的绿色植物产业；是用现代技术组装起来在不毛之地进行的大农业生产"，包括沙区特色瓜果产业（如哈密瓜、葡萄）、沙生中药材产业（如枸杞、肉苁蓉）、沙区灌木资源加工产业（如饲料、造纸）、沙区可再生能源产业（如太阳能、风能、生物质能）、沙区特色养殖产业、沙区特色旅游产业等，其技术特点是"多采光，少用水，新技术，高效益"。

后来，钱先生还指出，"在沙漠、戈壁的边缘地区治沙、防沙、制止沙漠化这件事情是极其重要的"，也是沙产业的一部分。同时，他还提议"在

🔺 沙漠中的葡萄园

生活设施条件好的戈壁滩上，如人造卫星发射场附近，建立沙产业试验站"，为建立和发展中国的沙产业做准备，获得高产值。

如今，我国的沙产业正在蓬勃发展中，科研人员充分利用我国沙漠地区丰富的太阳能资源开展"光伏治沙"，将钱先生在此前提到的防沙治沙与充分利用太阳能融为一体，发展光伏发电和沙漠治理、节水农业相结合，实现经济效益和生态效益的共赢。如内蒙古磴口的光伏治沙项目，电站规模5万千瓦，占地面积约1700亩（约合113.3万平方米），板（太阳能板）间种植苜蓿等防沙植物800余亩（约合50多万平方米）。自2013年并网以来，电站周围的植被覆盖率从建站前的5%上升到2018年的77%，配合外围防护林有效组织了沙漠化蔓延。项目每年通过生态治理可实现8556吨二氧化碳的固化。

沙漠愚公的传承与担当

"愚公移山"的故事告诉我们，做事要有毅力和恒心，要坚持不懈、不

八步沙林场

怕困难。如今，在中国的腾格里沙漠中就有着这样一群"愚公的后人"，治沙的信念世代相传。

腾格里沙漠南缘的甘肃省武威市古浪县，地处河西走廊东端，是古丝绸之路要冲。古浪县历史文化悠久，早在四千多年前的新石器时代，就有先民繁衍生息。汉武帝元狩二年（公元前 121 年）始置县。县境内有仰韶、马家窑、齐家沙井等多处文化遗址，存有大量的彩陶、汉代青铜器、唐代鎏金佛、宋元瓷器等文物。在 20 世纪 80 年代，地处古浪县的八步沙林场曾是当地最大的风沙口，每年沙漠以 7.5 米的速度向南推移，吞噬着当地人世代生活的家园，威胁着周边铁路、公路的畅通。"古有愚公移大山，今有老汉治沙滩。" 1981 年春天，村民郭朝明、贺发林、石满、罗元奎、程海、张润元六人不甘心被黄沙威逼，义无反顾挺进八步沙，带头以"联户承包"的方式组建了八步沙林场，演绎着中华民族的坚韧精神。

数十年来，八步沙林场以"六老汉"为代表的三代治沙人，把进军沙漠的战线不断向前推进，截至 2022 年底，累计治沙造林 25.2 万亩（约合 1.68 亿平方米），栽植各类沙生苗木 2700 多万株，管护封沙育林草面积达 43 万亩（约合 2.87 亿平方米）。真的像《愚公移山》中说的"子子孙孙，无穷匮也"。

如今，人们用沙生植物"编"成了 7.5 万亩（约合 5000 万平方米）"风沙缓冲带"，使周边 10 万亩（约合 6600 多万平方米）农田得到保护，确保过境公路、铁路和西气东输、西油东送、西电东送等国家能源建设大动脉安全畅通，实现了将"不毛之地"转化为"绿水青山"和"金山银山"，创造了"新时代愚公承包治沙模式"。2023 年 3 月，八步沙林场荣获"全国林草系统先进集体"荣誉称号。八步沙人在风沙前线建起了一道"绿色长城"，生动书写了从"沙逼人退"到"人进沙退"的绿色篇章，为筑牢西部生态安全屏障作出了重要贡献。

八步沙林场的治沙人说："我们可以搬家，但中国不能搬。"八步沙林

△ 八步沙六老汉治沙纪念馆

场在治沙人眼中就是祖国的生态边疆，自己有为祖国守边戍疆的义务。质朴的话语表现了治沙人对国家生态责任的勇敢担当。

毛乌素治沙人的坚毅与勇敢

看完了八步沙林场治沙人的故事，让我们再来看看毛乌素沙地的治沙人又是以何等的坚毅换来了"塞上绿洲"的新生。

毛乌素沙地，位于内蒙古自治区鄂尔多斯市的南部、陕西省榆林市的北部和宁夏回族自治区的河东地区，占地面积3.8万多平方千米。古时，毛乌素沙地处于典型的草原向荒漠草原过渡地带，适宜发展牧业，因此曾是游牧民族繁衍生息的地方，匈奴人就诞生在这里。秦汉时期，中原政权对匈奴人大举征讨，鄂尔多斯高原尽数秦汉版图，并把内附的游牧民族安置在这一地区从事屯垦。东晋十六国时期，匈奴再次进入这一地区，先后建立了前赵、大夏政权，在这里从事游牧和农耕。盛唐时期，在毛乌素沙地的腹地设置了

⚠ 毛乌素沙地变绿洲

六胡州，安置内附的突厥人在这里屯田垦种。连年的屯田垦种给草原上的生态环境造成了巨大破坏。再加上毛乌素地下有深厚的粉细沙，一旦地表土层遭到破坏，下伏的粉细沙便飞扬活动，形成流动沙地。

　　生活在沙地边上的一代又一代治沙人，用坚忍不拔的毅力，将"治沙还绿"变成一种坚持、一种信仰——从"七一勋章"获得者石光银、治沙模范郭成旺、全国治沙英雄牛玉琴、张应龙以及榆林补浪河女子民兵治沙连等前辈身上，我们看到了他们用扎草方格等实际行动，以巨大的勇气、高远的志向，完成毛乌素沙地变绿洲的壮举。

　　"治沙英雄"们用行动诠释了"不畏艰难、敢于斗争、矢志不渝、开拓创新"的治沙精神。陕西省榆林市沙化土地治理率已达 93.24%，意味着毛乌素沙地即将退出陕西省地图，获得新生。这片地区从"生命禁区"到"塞上绿洲"的沧桑巨变以及生物多样性指数的不断提高，都生动地阐释了中国绿色发展的理念——尊重自然、顺应自然、善待自然、保护自然。

　　贫瘠的土地曾让人们背井离乡，断壁残垣的城池曾让人望而却步，然而勤劳的中华儿女从未放弃治沙成绿洲的心愿，要把"青海无波春雁下，草生碛里见牛羊"的繁荣再次呈现在世人面前，共同塑造"独有千秋"的九州沙。

探索与实践

　　1、请收集并阅读与沙漠有关的古代诗词、传说故事，与家长或同学谈一谈沙漠在中国古代文化中的象征意义。

　　2、请留意你身边有关建设生态文明的举措，说说其中的重要意义。

第二章 黄沙几许谁人知

沙子是生活中常见的一种物质，也许是因为太过普通和微小，人们常常不去深入了解有关沙子的知识，忽视了它的作用。本章内容从沙的基本知识开始介绍，逐步揭示沙子的特性，去探寻微小沙粒内部的"宇宙"。

第一节　探本溯源沙海秘

　　探本溯源，形容探求、追溯事物的根本、源头。好奇心是人类探索未知事物的动力来源，人们会经常主动去问"为什么"，站起身去探求未知的答案。

　　人们总说沙漠充满了神秘色彩，因为一想到沙漠，眼前浮现的场景中除了漫天黄沙和稀松的灌木之外，也只有几头骆驼了。在沙漠中，沙子是那么普通，就像人们看到大海时只会沉浸在阵阵波涛中，而没有人会在意海中的一滴水一样，当眼前是无边无际的沙漠时，没人会蹲下捡起一粒沙认真观察，并思索这一粒沙究竟有何用处。其实，小小一粒沙中隐藏着许多科学知识。让我们一起带着好奇心去揭开沙的神秘面纱吧！

风卷沙尘迷人眼，怎奈身轻比细发

　　沙，俗称为沙子，指自然出现的、被分割得很细小的岩石。到底有多细小呢？严谨来说，沙的粒径尺度在 0.0625 毫米至 2 毫米之间——最小沙粒的粒径和细软头发的粗细相当（通常直径在 60 微米以下称为细发），而最大沙粒的粒径也不过就是直尺上的两个格子（一格为 1 毫米）那么大。

　　中国的黄河是世界上泥沙含量最高的河流，这里提到的"泥沙"是同一种物质吗？泥和沙有区别吗？当然是有区别的。"泥"是含水的黏土，在地质学中，黏土是比沙更小的尺度分类，其颗粒大小小于 0.004 毫米。在黏土和沙之间还有一级物质分类，称作"粉砂"，其粒径在 0.0625 毫米至 0.004 毫米之间，我国黄土高原上的黄土大都属于粉砂。虽然沙子的直径是一个很小的尺度概念，但还可以进一步划分为：极粗砂 2 至 1 毫米，粗砂 1 至 0.5 毫米，中砂 0.5 至

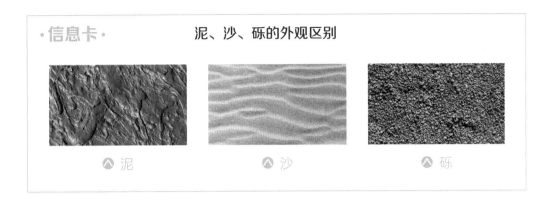

·信息卡· 泥、沙、砾的外观区别

⚐ 泥   ⚐ 沙   ⚐ 砾

0.25 毫米，细沙 0.25 至 0.125 毫米，极细沙 0.125 至 0.0625 毫米。

虽然沙子的直径是一个很小的尺度概念，但从 0.01 到 1 也是跨越了两个数量级呢！所以沙子按粒径大小进行划分，还可以细化分出不同的粒级——沙子粒径大于 0.5 毫米的称为"粗沙"，粒径在 0.35 毫米至 0.5 毫米之间的称为"中沙"，粒径在 0.25 毫米至 0.35 毫米之间的为"细沙"，粒径小于 0.25 毫米的则统称为"粉沙"。

沙土组成区别名，差之千里莫相同

生活中人们总会把"沙子"和"土壤"两个名称进行混用，认为它们是同一种东西。让我们一起看看下面这段话：

"今天有沙尘暴，瞧瞧，我的车上落了一层黄土，空气里也是一股土味儿。还是把口罩戴上吧，要不然一说话沙子就跑进嘴里啦！"

⚐ 土壤

⚐ 沙子

其实，沙和土完全是两个不同的概念——从形态上说，沙就是单一的固体颗粒；而土则是固体、液体、气体三者的混合物；从粗细上看，土一般更为细腻，与泥类似，但也含有沙或砾等颗粒；从颜色上看，由于沙和土的组成成分不同，所以沙一般都是黄白色的，而土的固体物质因包含土壤矿物质、有机质和微生物等，大多呈现为褐色。除了以上区别，它们的作用也不尽相同，后续会做简要介绍。

世界各地多彩的沙漠

如果有人问你沙漠是什么颜色的，你会不会脱口而出"黄色的"？在很多人的印象中，沙漠永远是黄色的不毛之地，殊不知在世界各地存在着各种各样颜色的沙漠。

1、彩色沙漠

彩色沙漠位于美国亚利桑那州的石化林国家公园内。在不同的时间或不同的角度欣赏，这里的景色会呈现出紫、黄、红、绿、白、蓝等多种颜色。彩色沙漠的形成原理主要是数亿年的地质变化使这片区域积攒了多层的泥土、砾石和火山灰，它们逐渐变成砂岩和页岩。这些岩石因吸收了多种矿物质而

▲ 美国亚利桑那州沙漠中的羚羊峡谷

染上了彩虹般的颜色。后因地壳隆起和长年风化，一层层沙土化成富含矿物质的沙粒，逐渐形成了如今的彩色沙漠。

2、红色沙漠

澳大利亚的辛普森沙漠是红色的，特别是在阳光的辉映下，浑然一体，景色异常壮丽。如果天降细雨，小小的植物发芽开花，"万红丛中一点绿"，则更添异彩。这个沙漠变红的奥秘，原来是含铁矿物被长期风化，使沙石包上了一层外衣——氧化铁（此化合物呈红色）。

3、白色沙漠

美国新墨西哥州的路素罗盆地中有一片奇特的白色沙漠——奇瓦瓦沙漠。白色沙丘的成因是一亿多年前的石膏质海床几经变幻，石膏矿被常年风化后，结晶成洁白的微小颗粒，从而为这片沙漠增添了这种浪漫的风情。

🔺 澳大利亚辛普森沙漠的红沙　　🔺 美国新墨西哥州奇瓦瓦沙漠

斑斓绚丽五彩沙，奈何只识黄白色

沙的颜色相较土或泥更浅，泛称为黄白色，但如果你借助显微镜等设备观察沙粒，会被它的绚丽多彩所深深吸引，你可以在沙中找到所有你能想到甚至是想不到的颜色！

◀ 沙粒的光纤维照片①②③
🔻 沙粒的显微照片④

下图中沙粒的不同颜色是由其本身含有的矿物质的颜色决定的。岩石是由矿物和岩屑组成的，岩石风化后形成的沙粒大部分又变成了矿物，由于不同的矿物颜色不同，如蓝色的蓝铜矿、橙红色的铬铅矿等，导致沙粒呈现出不同的颜色。

排山倒海摧巨石，日积月累练浪沙

是怎样的自然力量可以把巨大、坚硬的岩石分割成如此细小的沙呢？一般来说，在地质学上人们把岩石分解成沙子的过程称为"物理风化"。物理风化，又称机械风化，是指岩石在温度变化、冻融、有机体、水、风和重力等物理机械作用下崩解、破碎成大小不一的碎屑和颗粒的过程。常见的物理风化的方式有温差风化、冰劈风化、根劈风化等。

温差风化也称热力风化，干旱和半干旱地区的昼夜温差较大，岩石为热的不良导体，白天岩石经太阳照射吸热，表层升温快，产生膨胀，但其内部升温却很慢，基本上不产生膨胀，从而产生平行于岩石表面的微裂隙；夜间气温降低，岩石表面温度也随之下降产生收缩，而岩石内部降温慢，基本上不收缩。同时，岩石是不同矿物的集合体，不同矿物的热膨胀系数不同，岩石升温产生不均匀膨胀。即使是同种矿物，由于矿物排列的方向不同，也会产生差异膨胀，从而使岩石产生微裂隙而破坏。

　　冰劈风化，指岩石裂隙中的水分遇冷结冰并膨胀，其产生的巨大压力使岩石崩解。

　　根劈风化，指植物的根系楔入岩石中，由于植物生长力的作用使岩石发生崩解的现象。

　　经过长期这样的物理风化作用，岩石就这样逐渐崩解，出现"层状剥落"和"单矿物撒落"等现象。

　　这些岩石崩解产生的碎屑在水的作用下被带出山脉，在山前堆积。如果此时当地干旱多风的话，这些粗细混杂的岩石碎屑会在长期的风力吹蚀下被"分选"——较粗的砾石不易被风吹动，滞留在地表形成了戈壁，而能够被风吹得滚动起来的沙子则聚集成沙丘，越来越多的沙丘聚在一起就形成了沙漠。

　　但是，有些沙漠（例如内蒙古自治区内的科尔沁沙地）周围并无高山，

◉ 得到有效治理的科尔沁沙地

却一样可以形成沙漠，这是怎么做到的呢？这些地区的沙子来源与地质时期的河流作用密切相关。如果一个干旱地区处在地质时期形成的大型冲积平原上，那么在长期的风力作用下，组成冲积平原的物质也会发生分选，使越来越多的沙子汇聚于地表，形成沙漠。

还有一些沙漠既不处在高大山脉的身旁，也不处在地质时期的大型冲积平原上，那组成它们的沙子又是从何而来的呢？地质时期本就存在一些主要由沙子组成的岩石，比如砂岩。砂岩被风化后极易产生细粒的沙子，还有地球表面的花岗岩也很容易被风化产生沙子。如果一个地区的地表主要由砂岩、花岗岩等易被风化的岩石组成，且地表干旱，那在长期的风化作用下上述岩石会逐渐破碎，产生大量的沙子，也可以形成沙漠。

在漫长的岁月里，水和风不仅会"联合"起来将岩石逐步风化成沙，而且还会将沙搬运至其他地方，最终堆积成海滩、沙丘、沙漠等。

第二节 大巧若拙沙之材

"大巧若拙"的意思是真正聪明的人并不炫耀自己的才能，反而从表面看起来好像很笨拙的样子。沙也是这样，乍看起来灰头土脸、平平无奇，然而它的作用可大着呢！

聚集细沙成宝塔，现代生活不离它

沙是建筑工程中不可或缺的材料。从古至今，在房屋建造过程中沙都贡献了重要的力量。一是因为人类大多选择在河流冲刷后泥沙淤积的平原地带聚居生活，这里没有大量的山石可供人们建造房屋，但河沙却是普遍存在、廉价易得的材料；二是因为沙毕竟是细小的石头，作为建筑材料使用十分坚固耐用，再与古代的泥草混合物或现在广泛使用的水泥掺混在一起，便可以制成能够稳定支撑房屋基本构造的混凝土。

◎ 消防沙箱

此外，沙子还是很好的阻燃材料，对于着火的高温液态黏稠的物料具有一定的抑制火势蔓延的作用，能用于消防灭火。重要的仓库、加油站等地都设有消防沙箱，以备不时之需。

将沙子装入沙袋，当洪水来袭时，

◎ 防汛专用沙袋

人们便可以利用沙袋修筑临时堤坝，避免洪水涌入建筑内或冲坏车辆等，减少财产损失。

　　沙在工业制造中还可以充当金属冶炼时的速溶剂；在体育运动中可以用细沙制作跳远用的沙池或练拳的沙包；粒径较小的沙还可以起到过滤水中杂质的效果。

　　沙子还有什么用途呢？你听说过用黄色的沙子制作透亮的玻璃吗？因沙子和玻璃的主要成分都是二氧化硅，所以从理论上来说，如果用温度足够高（大约2200℃）的大火炙沙，沙子便会熔化成液体，冷却后就得到了玻璃块。要是这样说的话，广袤无垠的沙漠里有无边无际的沙子，我们都可以用来制作玻璃了吗？答案是否定的。因为沙子中杂质较多，且要将火焰温度维持在2200℃左右持续燃烧数小时，冷却过程中技术不到位还会出现气泡，所以烧制冷却后的玻璃块会因杂质的影响呈现出其他颜色或不透明的白色等。所以从控制成本方面考虑，直接使用沙子制造玻璃并不划算，而且在自然界中并不是只有沙这一种物质是含有二氧化硅的，例如较容易获得的石英矿的二氧化硅纯度就挺高，经过人为加工之后形成石英砂，用它制造玻璃物美价廉。

⌃ 沙子上的玻璃沙漏

沙与砂的区别

与自然、气象有关时，用"沙"，这里的"沙"可以理解为非常细碎的石粒，只有体积足够小和重量足够轻才能够被大风吹起，例如：风沙、沙尘暴、沙漠、沙滩等。

与工程、矿物、制造有关时，用"砂"，这里的"砂"可以理解为碎石成砂，例如：水泥砂浆、金刚砂、砂纸、砂轮等。

综合来看，沙较砂的粒径更小，"沙"更多指的是自然的细碎岩石，而"砂"则是在人工制造中产生的碎石。

筛选使用约束多，多数沙子不符合

上文中提到，河沙是廉价易得的建筑材料，那同为沙子，沙漠里的沙子能不能也用作建筑材料呢？沙漠的沙子颗粒非常的细小，在显微镜下可以看到，沙漠里的沙子因受风蚀而较为圆润，所以它和水泥的结合能力较差。另外沙漠里的沙子含碱量高，在混凝土成型的若干年后，碱性物质与活性成分会发生化学反应，生成膨胀物质而引起混凝土产生内部自膨胀应力而开裂，这就是混凝土的"碱集料反应"，会严重影响建筑安全。正是这两个原因制约了沙漠里的沙子成为优质建筑用沙。

　　沙漠里的沙子不行，那海沙呢？海滩边的海沙储量也非常大，人们能否将海沙作为建筑用沙呢？在海水的长期冲刷作用下，海沙的颗粒也会变得非常细且圆滑，所以它和水泥的结合能力如同沙漠里的沙子一样差。同时海沙的氯离子含量高，对钢筋有非常强烈的腐蚀作用，会直接影响工程结构的安全性，因此也不能作为建筑用沙。

沙资源短缺已成为重要的全球问题

　　央视新闻曾报道称：全球面临沙子短缺危机，未来沙子或成重要战略资源。

　　一提到沙，很多人首先会想到沙漠，而正如我们在前文中介绍的，能成为建筑用沙的只有河沙。如著名的沙漠中的城市——迪拜，即使它守着沙漠也依然需要从遥远的澳大利亚购买建筑用沙。

　　在自然条件下，河沙的形成速度较慢，尤其是受地理条件的制约，再加上全球河流面积占地球总面积不到1%，而且还存在分布不均的现象。更关键的是，人类对河沙的需求量十分巨大，尤其是这些年全球的城市化建设对河沙的需求量持续增高。

　　在建筑领域，全球每年要消耗大约41亿吨水泥，而沙子的使用量则是水泥的10倍。仅仅是在建筑领域，全球每年就需要消耗超过400亿吨沙子，河沙的消耗速度远远超过了自然增长速度，故由此形成了沙短缺危机。

第三节 蜿蜒大漠旋飞扬

不少人都认为沙漠离自己很远，但他们可能忽略了这样的事实——沙漠已经占据地球陆地面积约 20%，此外还有近 43% 的土地面临着沙漠化的威胁。

数量众多沙覆盖，干旱少雨是主因

沙漠气候的主要特点之一就是极度干燥，降水量非常少。就世界范围而论，沙漠气候区的形成主要与纬度、海陆位置和大气环流等因子有关。受副热带高压带控制的南北纬 15° ~ 35° 终年都是信风带。在高压带内的空气具有下沉作用，空气下沉时形成绝热增温，使相对湿度减小，空气非常干燥。信风是由副热带高压带吹向赤道低压带的稳定风向，它在吹向赤道的过程中不断增热；空气越热，消耗的水量也就越大，结果使它成为十分干燥的旱风。所以副热带高压带控制的区域，一般都是大气稳定、湿度低、少云雨的干旱区。北非的撒哈拉沙漠、西南亚的阿拉伯沙漠、南美的阿塔卡马沙漠等都分布在这个有"回归沙漠带"之称的沙漠地带。

若单从纬度方面来说，中国的西北、内蒙古等地区，是不应该成为沙漠气候区域的。但由于中国位于欧亚大陆的东南部，是东亚季风盛行的地带，中国的降水主要是受夏季风的影响，夏季降水的水汽主要来自西南、南和东南沿海。而西北和内蒙古地区则深居欧亚大陆中部，距海洋远，特别是它的南部和东部边缘有许多高大山系，阻挡了夏季风的深入。冬季，欧亚大陆处于强大的蒙古—西伯利亚冷高压控制下，加之大陆北方地形比较开阔，无高山屏障，干燥的大陆气团和北冰洋的寒冷气流可以倾注直泻，从而使这里异常干燥寒冷。这样中国西北、内蒙古等地区就终年处于极端干旱的环境中，从而形成了世界上最大、最典型的干燥大陆性气候的温带、暖温带干旱区，而干旱盆地周围的丰富沙源又成了沙漠形成的物质基础。另外，沙漠气候地区的高温和强烈的日照也会导致水分蒸发迅速，减少了可用的水资源。

火星上的沙漠

火星是太阳系中唯一发现有风力塑造地貌的非地球行星，也就是说，火星上有沙丘。火星 90% 以上的表面都被沙漠所覆盖，常年风暴肆虐、荒凉干涸，比地球上最大的撒哈拉沙漠还要干燥。火星上的沙尘暴可以说是灾难性的！研究显示，当火星进入秋冬季节，便迎来了沙尘暴的高发季，这个时候火星上的沙尘暴会以 180 米每秒的速度在整个星球上席卷，而且一旦火星上的沙尘暴开始刮起来，至少要 3 至 4 个月的时间才会逐渐停止。

火星表面

狂风手绘沙漠貌，神秘美丽作地标

在塔克拉玛干沙漠，全年有三分之一的时间都是风沙日。狂风来袭时，黄沙滚滚，遮天蔽日，飞沙走石能腾空上百米。流沙被风吹起、搬运，在沉积过程中受风力、地面特征及植物等影响，会形成不同的沙丘堆积形态，如新月状、羽毛状、蜂窝状、鱼鳞状等流动性沙丘或沙丘群。

沙波纹、沙丘和沙山，三者有何区别？沙波纹是沙漠在风力、水流的反复作用下，在松散的沙质表层形成的波纹状微地貌，根据沙波纹形成的动力条件，可划分为风成沙波纹和水下沙波纹。

⚆ 纵向沙丘   ⚆ 格状沙丘

⚠ 新月状沙丘

沙丘的形成是风成堆积与障碍堆积两者的综合产物。当风遇到障碍物（如石头、植物）时，障碍物阻止了气流流动，使沙子在顺风一侧堆积起来。沙丘体积逐渐增大，对风挟带的沙粒所起的阻挡作用就更大。沙丘增大后，开始顺风缓慢移动，呈不对称的形状，这时沙丘对气流的干扰越来越大——在沙丘向风的一面风速提升，跳跃沙粒被吹动向上，并越过丘峰，下落到背风丘坡的上部，形成比较陡峭的滑动面。

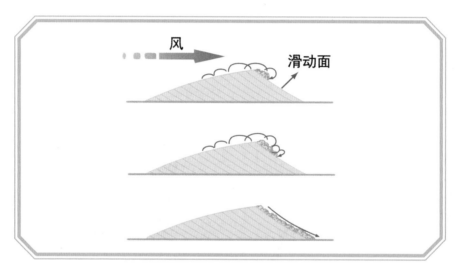

△ 沙丘的移动过程示意图

知识速递

荒漠与沙漠

荒漠是指一个地区在长期干旱气候条件下形成的植被稀疏的地理景观，包括岩漠、砾漠、沙漠、泥漠、盐漠。在这里，只有根深叶小或无叶的旱生或盐生植物才能生长，荒漠生活的动物有穴居、夏眠、善疾走等特性。

沙漠是指地表覆盖大片风成沙的地区，是荒漠中分布最广的一种类型。沙漠地区的风沙活动强烈，地表为沙丘所覆盖，致使地面起伏较大。沙漠的植物种群主要包括灌木丛和仙人掌属等。

第三章 神州大漠细盘点

一提到中国的沙漠，塔克拉玛干沙漠、毛乌素沙地、腾格里沙漠、库布齐沙漠等都是很多人耳熟能详的名字，但这些沙漠都在哪儿？中国还有哪些不被人熟知的沙漠？在这些沙漠里，都发生了哪些有趣的事呢？

第一节 神州广漠杳无穷

"广漠杳无穷，孤城四面空"，唐代诗人许棠在《边城晚望》中发出了这样的感慨。受限于古代的交通条件及古代边疆地区的战事纷扰，古人能够涉足的沙漠区域实际上非常有限，中国的沙漠分布远比许棠当时想象的还要广阔。

特立独行的沙漠分布

从全球视角来看，由于受副热带高压的控制，荒漠主要集中在北回归线和南回归线两侧的地带。此地带内形成了绵延数千千米的热带荒漠和亚热带荒漠。世界上最大的沙漠——撒哈拉沙漠（位于非洲北部）就被北回归线穿行而过。但是，在中国境内，北回归线穿过的地区却没有沙漠的分布，取而代之的是湖泊、河流发育的湿润区，沙漠反而分布在北纬35°至50°的西北内陆地区。

上述情况的成因就在于青藏高原的隆升及其所产生的热力效应，导致季风环流取代控制我国的西风环流，加上远离海洋及地形因素的影响，使我国西北内陆形成了数百万平方千米的干旱区。也就是说，巍峨耸立的青藏高原是导致我国北方特别是西北地区干旱的主要原因之一。中国的沙漠由于受到青藏高原隆起的影响而向北推移，分布在北纬30°至50°，东经75°至125°之间的中纬度干旱、半干旱和半湿润地区。

沙漠盘点知家底

根据第六次全国荒漠化和沙化调查结果表明，截至2019年，我国荒漠化土地总面积已达到 25737.13 万公顷（1 公顷等于 0.01 平方千米），占我国国土面积的 26.81%。其中，新疆、内蒙古、西藏、甘肃和青海五省（自治区）荒漠化土地面积位列全国前五位，分别为 10686.62 万公顷、5931.06 万公顷、4269.27 万公顷、1923.93 万公顷及 1894.81 万公顷，各占全国荒漠化土地总面积的 41.52%、23.04%、16.59%、7.48% 和 7.36%，上述五省（自治区）荒漠化土地面积总额占全国荒漠化土地总面积的 95.99%。

让我们再来看看我国沙化土地的现状。截至 2019 年，全国沙化土地面积达 16878.23 万公顷，占国土面积的 17.58%。主要分布在西北干旱区和青藏高原，黄淮海平原及长江以南的沿海、沿河、沿湖地区多呈零星分布。

中国西北地区沙漠和沙地分布图

2014—2019 年荒漠化程度动态变化表

荒漠化程度	2014 年		2019 年		2014—2019 年	
	面积/万公顷	百分比/%	面积/万公顷	百分比/%	变化面积/万公顷	占比变化/%
总面积	26115.93	100.00	25737.13	100.00	−378.8	
轻度	7492.79	28.69	7585.13	29.47	92.34	0.78

续表

荒漠化程度	2014 年		2019 年		2014—2019 年	
	面积 / 万公顷	百分比 /%	面积 / 万公顷	百分比 /%	变化面积 / 万公顷	占比变化 /%
中度	9255.25	35.44	9302.95	36.15	47.7	0.71
重度	4021.20	15.40	3828.23	14.87	-192.97	-0.52
极重度	5346.69	20.47	5020.82	19.51	-325.87	-0.96

中国的沙漠主要由 11 个沙漠和 7 个沙地构成，按照面积大小排序，可以得到中国沙漠面积排行榜。

中国沙漠面积排行榜

序号	沙漠名称	涉及行政区划	面积 / 平方千米
1	塔克拉玛干沙漠	新疆	346904.97
2	古尔班通古特沙漠	新疆	49883.74
3	巴丹吉林沙漠	内蒙古、甘肃	49083.76
4	腾格里沙漠	内蒙古、甘肃、宁夏	39071.07
5	毛乌素沙地	内蒙古、陕西、宁夏	38022.50
6	科尔沁沙地	内蒙古、吉林、辽宁	35077.07
7	浑善达克沙地	内蒙古、河北	33331.63
8	库姆塔格沙漠	新疆、甘肃	20763.56

序号	沙漠名称	涉及行政区划	面积/平方千米
9	柴达木盆地沙漠	青海、甘肃、新疆	13499.58
10	库布齐沙漠	内蒙古	12983.83
11	乌兰布和沙漠	内蒙古	9760.40
12	呼伦贝尔沙地	内蒙古	7773.05
13	狼山以西的沙漠	内蒙古	7340.63
14	河东沙地	宁夏、内蒙古	5923.75
15	乌珠穆沁沙地	内蒙古	2473.53
16	库木库里盆地沙漠	新疆、青海	2357.29
17	共和盆地沙地	青海	2214.81
18	鄯善库木塔格沙漠	新疆	2145.10

意想不到聚沙塔

以上提到的沙漠都有一些共同点：主要分布在西北地区，所在地区的降水少、蒸发强。但放眼全国，有些沙漠居然在降水比较多的地方安家落户了。

天漠，位于河北省张家口市怀来县，距离首都北京只有约70千米，是离北京最近的沙漠，也是中国最小的沙漠。它的面积不大，是一片只有0.867平方千米的天然沙漠，具有非常鲜明的沙漠特征。经过治理，天漠现存沙漠只剩0.133平方千米。由于交通便利，已经成为北京周边知名度颇高的旅

⚠ 天漠景色

游景区和影视基地，许多电视剧在此取景拍摄。

雅鲁藏布江河谷也有风沙地貌。雅鲁藏布江奔腾不息，"河谷"二字也让人很难联想到和沙漠有什么关系。确实，雅鲁藏布江周围地区并没有丰富的沙源，沙子的来源是雅鲁藏布江自身。

雅鲁藏布江（简称雅江）在中国西藏境内全长 2000 多千米，途经雪山草甸、峡谷密林，一路风光雄奇壮丽。然而其中游却在流经西藏山南市的平缓地带时，生生造出了 1800 平方千米的沙化地带。这是为什么呢？

在河流丰水期，也就是夏季，河流水位高，雅江在当地的水流量可以达到 8000 立方米每秒，河漫滩被江水覆盖。而到了雅江处于枯水期的冬春季节，河流水位低，水流量仅有 500 立方米每秒，河漫滩和部分河床裸露，大量沙物质在风力作用下向岸输移，这里就成了最主要的沙源地。此外，雅江流域有近 300 平方千米的耕地和 3 万多平方千米的草地遭受风蚀危害，

当风速达到一定标准时即风蚀起沙，也是一个重要沙源。古沙丘活化也能提供沙源。雅江阶地和古坡上遗存有较多的残留古沙丘和埋藏古沙丘，随着近几十年的区域气候和人为活动的变化，地表植被与土壤结构不断遭到破坏，古沙丘复活，成为新沙源。而这一区域又是一个"宽谷"，加上河谷地形的影响，在冬春季节风力十分强劲，强劲的谷风携带沙子，从谷底吹向山坡，使沙丘逐渐向上"爬升"，并在重力作用下，在风速较低处沉降形成"爬升沙丘"。

第二节　千里流沙不觉飞

战国时期诗人屈原在楚辞《招魂》中写道："魂兮归来！西方之害，流沙千里些。"屈原描述了沙漠的特点之一——流动性，而中国的第一大流动沙漠便是塔克拉玛干沙漠。

沙漠"广度"

塔克拉玛干沙漠不仅是中国的第一大流动沙漠，也是中国面积最大的沙漠。塔克拉玛干沙漠位于中国新疆维吾尔自治区塔里木盆地的中央，这片沙漠 85% 的面积被流沙覆盖，地形起伏明显，昼夜温差大，气候更是特别干燥。作为中国最大的沙漠，整个沙漠东西长约 1100 千米，南北宽约 550 千米，相当于三个浙江省的面积。

▲ 塔克拉玛干沙漠航拍图

沙漠"深度"

本书第一章中提到，勤劳智慧的中国人攻克了沙漠地表的交通建设难题，将沙漠天堑变成了平坦通途。在探索沙漠广度的同时，人们更在为挖掘出沙漠地下丰富的资源而不断探索着。

塔克拉玛干沙漠有著名的塔里木油田，其石油和天然气储量丰富，是我国陆上第三大油气田，也是我国西气东输的主力气源地，为新疆维吾尔自治区南部民生用气提供保障。2021年12月13日，塔里木油田全面加快油气开发进程，人们在塔克拉玛干沙漠腹地新建年产200万吨的大油田——富满油田。

▲ 塔里木油田满深10井

富满油田含油面积超过1万平方千米，油气资源量超过10亿吨，是塔里木盆地近十年来最大的石油勘探发现，油气埋深超过7500米，是中国在此深度建成的规模最大、开发效益最好的油田。值得注意的是，传统的油气地质理论在这里基本"不适用"，常规钻探技术基本"打不成"，勘探开发难度可谓"全球少有、国内仅有"。塔里木油田钻井工程师表示，塔里木油田80%以上超深钻井都分布在富满油田，现在富满油田正越打越深，最深井设计井深9325米。未来，油气开发将继续向万米挺进，在塔里木盆地打出"中国深度"。

沙漠"热度"

罗布泊位于新疆维吾尔自治区塔里木盆地东部、若羌县东北部。蒙古语称"罗布诺尔"，意为"汇入多水之湖"。

曾几何时，罗布泊还是一个面积巨大的湖泊，碧波荡漾。《汉书》中记载，罗布泊面积"广袤三百里，其水停居，冬夏不增减"。后来，人们不断在史书中一笔笔记录着罗布泊面积的变化。

清乾隆四十七年（1782年）——"淖尔（意即湖泊）东西二百余里，南北百余里，冬夏不赢不缩。"

清末——"水涨时东西长八九十里，南北宽二、三里或一、二里不等。"

1931年——陈宗器等人实测罗布泊面积约475平方千米。

⚠ 罗布泊风光

　　20世纪60年代以来，由于气候变化与人类活动影响，罗布泊中、上游大规模发展农业生产，扩大耕地面积，拦截和引走了大量塔里木河和孔雀河的河水，使下泄水量减少，导致罗布泊逐渐干涸，变成了盐湖。

　　罗布泊，这样一个曾被人们"忽视"的地区，在今天又重新焕发了生机，"热度"大增。这里所说的"热度"可不是温度，而是受人关注的程度。

　　人们都知道罗布泊是很危险的地方，被称为"生命禁区"，但越是神秘、危险的地方，人们的好奇心就越重，这会驱使着人们去探索、了解更多有关它的事情。有人在网上搜集各种资料，与网友讨论关于罗布泊的事情是真是假，有人则深入罗布泊，研究这里的资源。作为曾经的核武器试爆场地，罗布泊还为我国的国防事业发展作出了突出贡献。如今，国家积极组织该地区钾盐资源的开发和利用工作，罗布泊已成为我国最大的钾肥生产基地之一，为我国的农业生产发光发热。

第三节　大漠绝处又逢生

绝处逢生，指的是在最危险、最艰难的时候得到生路。这个成语出自关汉卿《钱大尹知勘绯衣梦·正名》："李庆安绝处幸逢生。"沙漠之绝，绝在人们脑海中黄沙广袤的苍茫、无生命的凄凉，以及万里如一的单调。然而走进大漠，绝处逢生、令人惊奇的感觉又会不时地闪现，因为这绝境中有奇景奇境、有出人意料、有生命蔓延、有万千瑰宝。

地球上最不像地球的地方

平坦的地表上遍布着大大小小、形态各异的坑和沙丘，一片苍凉、赤地千里。这就是人们拍摄到的火星地表景象。而在地球上，也有这样一处相似景观——柴达木盆地沙漠。这里是世界上海拔最高的沙漠，位于"世界屋脊"青藏高原东北部的柴达木盆地中心，面积达 3.49 万平方千米，与海南岛的面积（3.383 万平方千米）近似。

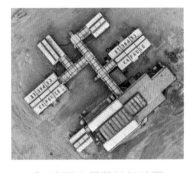

⬆ 冷湖火星营地航拍图

鲜有人在这样的环境中生活，在这里最常见的是形态各异的雅丹地貌——挺直的人像型、圆丘的龟背型、矗立的烽燧型……给这里赋予了另一番生机。由于柴达木盆地沙漠与火星的地貌特征极其相似，这里又有"地球上最不像地球的地方""地球上最像火星的地方"等别称。中国首个火星模拟基地——冷湖火星营地就建设于此。

⬆ 冷湖火星营地睡眠舱

　　地球上为何会出现类似火星的景观？柴达木盆地沙漠干燥少雨，昼夜温差大，加之此地多大风，风挟带着砂石颗粒在泥岩、砂岩等岩层疏松、软硬相间的岩石上不断摩擦碰撞，使得岩石破碎。这样的沙漠风蚀地貌发育广泛，成为与火星地貌相似的场景，雅丹地貌便是代表。

⚠ 柴达木盆地的奇幻水上雅丹

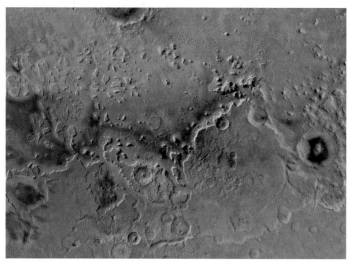

⚠ 火星表面兰斯拉库斯地区

⚠ 中国西北的红色地表纹理

风力侵蚀的分布及危害

风力侵蚀简称"风蚀"，主要分布在干旱、半干旱地区。此外，湿润地区无植被保护的裸露沙质土壤及沿海的沙地也会发生风蚀。

风蚀会吹失表土，使作物幼苗遭受机械和生理的损伤；被搬运的土沙还会掩埋道路、村庄和农田；进入大气中的细土粒会对人体造成危害。有时，风蚀会发展成尘暴或尘霾，给国民经济和人类生活带来极严重的损害。

苍黄遍布却纯白澄澈的地方

沙漠中的"沙"意为沙砾，"漠"意为缺水干燥的空地。然而，走进柴达木盆地沙漠，除了莽莽群山中的荒漠，人们会出乎意料地看到有些地方在闪闪发光，走近一看，竟是一个个湖泊！水面倒映着蓝天，苍黄绝处中生长出一面面"天空之镜"。

苍黄沙漠中为何有澄澈的水？这水可不是饮用解渴的水，甚至还会越喝越渴。这到底是怎么一回事呢？柴达木的名字给出了答案。在蒙古语中，"柴达木"意为"盐泽"。地处柴达木盆地东端的茶卡盐湖，其名中的"茶卡"也意为盐池。走在柴达木盆地沙漠中，人们还能看到盐湖及盐土平原相互交错分布的景观。尽管柴达木盆地沙漠地区的降水量极低，但其所在区域有较多的河流，比如柴达木河、巴音郭勒河等，绝大部分河流注入盆地内，或汇集成湖泊，或渗入地下。随着湖水的蒸发，湖泊的盐分不断积累，在湖岸能够看到银白色的盐质地带，像是给湖泊戴上了一个个美丽的银项圈。在开发盐矿的同时，这些盐质地带也成为重要的旅游资源。漫步在盐沼，天地浑然一体，如梦如幻，绝处逢奇景。

⋀ 大柴旦湖

⋁ 茶卡盐湖

土壤贫瘠却富有宝藏的地方

柴达木盆地中的宝藏不止有沙漠盐矿，还包括了种类繁多的野生动植物和丰富的矿产资源，让柴达木盆地拥有"聚宝盆"之誉。目前已经探明的矿点有 200 多处，矿产种类 50 余种，柴达木盆地中的察尔汗钾盐厂已成为中国重要的化工原料基地。除钾盐资源外，柴达木盆地还有丰富的金属矿产和油气资源，如锡铁山铅锌矿是中国已知最大铅锌矿之一。丰富的油气资源也使这里成为中国西气东输一期工程的气源地。

柴达木盆地英东亿吨级整装高产高丰度油气田

荒凉沙漠中的有限生机

古尔班通古特沙漠位于新疆维吾尔自治区准噶尔盆地中部，是中国境内面积仅次于塔克拉玛干沙漠的中国第二大沙漠。在蒙古语中，古尔班通古特意为"野猪出没的地方"。这里尽管是沙漠，却也有动物活动的踪迹。

为何动物会选择在如此干旱的地方生活？古尔班通古特沙漠地处内陆，其四周的山有通道，湿润的气流从通道中穿过，到达沙漠，为冬季的沙漠带来降雪。春季融雪后，古尔班通古特沙漠特有的植物迅速萌芽开花，为荒凉沙漠增添了一分生机。不仅如此，它们的根系还固定了沙土，地表之上的茎叶又增大了风吹过时的阻力，风速减小，沙子得以滞留在原地，形成了"固定"的沙丘。

▼ 古尔班通古特沙漠

人迹罕至还是车水马龙？

在这片"平沙莽莽黄入天"的土地上，有着大量人类活动的踪迹。这里曾是古游牧地，也是古丝绸之路的途经之地。丝绸之路的北道从庭州（今新疆维吾尔自治区吉木萨尔北破城子）开始直到伊犁，其实就是沿着古尔班通古特沙漠的南缘一直到达石漆河进入伊犁，之后再往前行。沙漠腹地保留了大量珍贵的古丝绸之路文化遗迹。站在故城遗址前，曾经车水马龙的场景似乎就在眼前。今天，古尔班通古特沙漠中的道路仍在不断建设中，从环绕沙漠到穿越腹地、从古道到高速公路，人们一直在努力为这片"绝境"增添更多活力。

沙漠绝在荒凉，绝在单调，但又绝处逢生般拥有惊奇的"火星景观"、洁白澄澈的盐沼、顽强茂盛的植被……它们组成了沙漠中的奇景，见证着历史的车水马龙，让自然与历史的美刻印在这里熠熠生辉。

第四节　巴丹吉林湖沙群

巴丹吉林是蒙古语，"巴丹"一词由"巴岱（人名）"演变而来，"吉林"是数词，意为六十。相传几百年前有一名叫巴岱的牧民居住在这里，发现了六十个大小不一的湖泊，后人为纪念他故称此地为巴丹吉林沙漠。

巴丹吉林沙漠是中国第三大沙漠。沙漠内沙山林立，有超过撒哈拉沙漠最高峰 70 多米的世界沙漠最高峰——必鲁图沙峰（海拔 1617 米，相对高度差达 500 多米），被称为"世界沙漠珠峰"；众多沙丘随风而鸣，被誉为"世界鸣沙王国"；沙漠内湖泊星罗棋布，有着"漠北江南"的美誉；这里就是被评选为"中国最美沙漠"的巴丹吉林沙漠。

巴丹吉林何处寻

巴丹吉林沙漠地处中国内蒙古自治区西部的阿拉善盟境内，主要分布在银额盆地的中西部，覆盖在带状隆起和凹陷湖盆之上。总面积达 4.92 万平方千米。

2019 年巴丹吉林沙漠–沙山湖泊群走上申报世界自然遗产之路，成为中国第一个申请世界遗产的沙漠。世界遗产是指被联合国教科文组织和世界遗产委员会确认的人类罕见的、目前无法被替代的财富，是全人类公认的具有突出意义和普遍价值的文物古迹及自然景观。巴丹吉林沙漠有什么独特之处，能够在中国众多沙漠中脱颖而出，率先走上申遗之路的呢？

巴丹吉林湖成群

从卫星图上看，会发现在巴丹吉林沙漠起伏的沙山中有许多"黑洞"，它们就是藏匿在沙漠深处的众多湖泊，当地人称其为"海子"。目前已探明的湖泊有 144 个，所有的湖泊总面积共计 23 平方千米，分布在沙丘间的低洼地内。

干旱是沙漠的突出特征，巴丹吉林沙漠也不例外。这里深居内陆，海洋水汽难以到达，年降水量仅有 40 至 80 毫米，年蒸发量却可超过 3000 毫米，蒸发量是降水量的 40 至 80 倍。由于气候干旱，人类很难在此生活，其中西北部还有 1 万多平方千米的沙漠至今没有人类的足迹。但在这极度干旱的沙漠中，却有着沙山和湖泊共存的奇观。

湖泊为动植物的生存提供了水源，湖边大多生长着较茂密的芦苇以及红柳、沙棘等植物，野鸭、黄羊、獾猪、狐狸等野生动物在湖畔栖息，湖里鱼儿嬉戏，呈现出一派生机勃勃的景象。

△ 巴丹吉林沙漠里的海子

大自然用妙笔将这里的湖泊点缀成不同的颜色。由于湖泊中含有的矿物质不同，湖泊颜色不尽相同，有蓝色、红色、紫色、白色……十分漂亮！达格图湖就是很特别的一个湖泊，它是天然形成的粉红色湖泊，当地人称其为"红海子"。它之所以呈粉红色，与湖泊中生长着大量含有红色色素的卤虫有关。

准吉格德湖是巴丹吉林沙漠中最神奇的湖泊之一，受湖中矿物质、

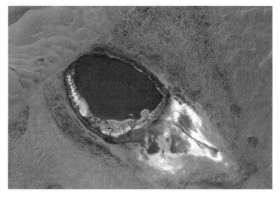

△ 吉林一号卫星视角俯瞰达格图湖

水量和气温影响，南面湖水是粉红色，北面湖水是蓝色，当地人称其为"双色湖"。

达不苏图湖是巴丹吉林沙漠中较为罕见的多色彩盐湖，红色、白色、黄色、绿色……多种颜色交织在一起，仿佛一幅壮丽画卷。

准吉格德湖

达不苏图湖

为什么在干旱的沙漠中会有这么多湖泊呢？科学界虽然有多种解释，但是目前尚无定论。有专家认为，巴丹吉林沙漠湖泊是由大气降水补给形成的，降水沿高大沙山沙层下渗并在丘间洼地中渗出，形成湖泊。也有专家认为巴丹吉林沙漠所在的盆地底部分布着多条东西走向的断裂带，断层使地下水顺着断裂带出露到地表，在低洼处汇聚形成湖泊。还有一种观点认为是因这里地下水位过高，地下水补给形成的湖泊。另有专家推测这里在远古时期本是一整片湖泊，随着气候逐渐干旱，水体不断萎缩，慢慢形成了这些分散的湖泊，可能未来湖泊范围仍将不断减小甚至可能完全消失。

巴丹吉林聚沙群

从卫星图上俯视巴丹吉林沙漠，连绵的沙山、沙丘如条条巨浪在地表翻涌，非常壮观！

巴丹吉林沙漠中分布着世界上最密集的高大沙山，高大沙山占沙漠总面积的 61%。这里的沙山以高、险、陡、峻著称，是世界上其他沙漠中的沙山难以企及的。

这些高大沙山是如何形成的呢？科学家主要有三种观点：第一种观点认为由于山脉的阻挡，风刮来的沙子在山前堆积，然后逐渐升高形成高大的沙山；第二种观点认为巴丹吉林一带原本是丘陵地貌，沙化后，沙粒直接覆盖在丘陵上而形成高大沙山；第三种观点认为沙子孔隙里含有大量水分，受地下水上涌、水汽蒸发引起沙丘表面湿度增大、固定性增强，进而形成高大沙山。

必鲁图沙峰景色

第四章
百样玲珑漠生灵

　　"百样玲珑"出自《长生殿·幸恩》，意思是指各方面都表现得灵活敏捷。与森林、草原那些物种丰富的环境相比，沙漠无疑是荒凉的、生命匮乏的。在这样的环境中存活下来的动物、植物可都不简单，它们在各个方面都表现出令人惊叹的生存智慧。

第一节　天生我材必有用

"天生我材必有用"出自唐朝诗人李白所作的一首乐府古体诗《将进酒》，意指上天生下我，一定有需要用到我的地方。有些人认为，沙漠极度干旱，既长不出参天大树，也不适于动物生存，是地球上亟待治理的地方。但当我们回看本段开头的"天生我材必有用"这句话，你是否会重新审视沙漠存在的价值和意义呢？

要不要把沙漠"消灭"呢？

在很多人的刻板印象中，沙漠是百害而无一利的存在。因此，曾有人谈论过"如何消灭沙漠"的问题。人类对待"沙漠"的态度难道就只有"消灭"这唯一的选项吗？当然不是。每一种生态环境都是生态平衡中关键的一环，顺应自然，尊重自然，与自然和谐相处，才是最好的态度。接下来让我们看看沙漠的价值。

旅游价值

沙漠旅游开发具有体验、保护生态环境、实施旅游扶贫的战略意义。中国沙漠化地区旅游资源主要有珍稀的野生动植物资源、丰富的自然景观资源、历史悠久的人文资源几个方面。

资源丰富

沙漠具有丰富的光热资源、风能和土地资源。沙漠中煤、石油和天然气等能源和钾盐、食盐、碱等蕴藏量都十分丰富。

考古价值

沙漠历史悠久，考古价值自然也是不可忽视的一点。这里有着许多不易被发掘的宝藏、文物、化石。

大多数沙漠在地球上都是位于山的背风坡，向上翻山越岭的空气因给迎风面带来降水，使得背风面降水不足，导致沙漠缺水。但是正因如此，沙漠可以和地球上的其他湿润地区进行湿气交换来调节温度使全球大气候保持稳定。

此外，沙漠自有其独特的生态系统。沙漠并不是完全没有水的，只是地下水埋藏较深。巨型仙人掌、沙鼠、蜥蜴、骆驼……很多动植物有着很强的环境适应能力，成为沙漠地区特有的动植物，为地球生物的多样性作出自己的贡献。

沙漠的黑夜与白天

当我们想起沙漠，第一印象就是干燥炎热。如果你想要前往沙漠，肯定会带上大量的水和防晒霜。但是如果你想要在沙漠过夜，那么我们不仅仅需要防晒，还需要做好保暖措施，因为沙漠的夜晚非常寒冷。

沙漠白天的平均气温接近 40℃，夜晚却仅有零下 4℃。当夜晚来临时，沙漠里的温度会骤降，而造成沙漠温度急剧变化的主角，就是沙漠中的沙子和空气湿度。

沙子是沙漠的主要组成物质，其并不能长时间储存热量。经过阳光暴晒的石头可以在夜晚缓慢释放白天积累的热量，但是沙子却不能。

沙漠中缺少能够长时间吸收、储存热量的材料。白天阳光直射沙子，沙子却无法储存热量，反而会迅速将热量释放到空气中，因此沙漠的白天要比其他地方更加炎热；夜晚来临，沙子无法补充热量，储存的少量热量会迅速流失到空气中，空气中也没有足够的水蒸气保留热量，因此导致沙漠的昼夜温差非常大。这也让沙漠的夜晚要比其他地方更加寒冷。

⚠ 沙漠白天"脱水"　　⚠ 沙漠夜晚"冻人"

"丝路驿站"上的旅游明珠——宁夏沙湖

宁夏沙湖生态旅游区是国家 5A 级旅游景区。沙湖地处贺兰山下、黄河金岸，距宁夏回族自治区首府银川市 42 千米，景区总面积为 80.10 平方千米，22.52 平方千米的沙漠与 45 平方千米的水域毗邻而居，融合了江南水乡之灵秀与塞北大漠之雄浑，被誉为"丝路驿站"上的旅游明珠。金沙、碧水、翠苇、飞鸟、游鱼、远山、彩荷七大景观资源天然组合，使其成为沙的海洋、水的世界、鱼的乐园、鸟的天堂。

每个旅游景区的开放都离不开大批辛勤付出的设计者和建造者。

沙湖，原是银川平原西大滩的一个蝶形湿地。因形似元宝，又名"元宝湖"。1952 年 2 月，5804 名官兵来到西大滩，在这片"冬天白茫茫，夏天水汪汪，风吹石头跑，遍地不长草"的盐碱白浆地上，他们以顽强的干劲和惊人的毅力种植树木、修整荒地、修砌码头，沉淀出"艰苦奋斗、勇于开拓"的农垦精神。

1990 年 5 月 1 日，沙湖旅游景区正式开业。凭着一条旅游船和原来的渔业生产船，沙湖以每位旅客 2 元的船票，当年接待游客 15 万人次，旅游收入 54.7 万元，实现利润 5.5 万元，是往年养鱼收入的 10 倍。从此，沙湖步入旅游发展新天地。

拓展阅读　沙湖

沙湖是古河道型湖泊，由黄河古河道洼地经过山洪侵蚀、地下水溢出汇集，并接收大气降水和地表水的补给而形成。其特点是湖体外形受洼地形状控制，呈不规则状；湖水深度多为 2～3 米。由于湖泊周围地势低洼，地下水位埋藏浅，所以土壤盐渍化潜育化程度较重。由于湖周沙地广泛分布，因此得名沙湖。

宁夏沙湖风景

第二节 千磨万击还坚劲

"千磨万击还坚劲，任尔东西南北风"出自郑燮的《竹石》，意指经历成千上万次的折磨和打击，它依然那么坚强，不管是酷暑的东南风，还是严寒的西北风，它都能经受得住，依然坚韧挺拔。这种生命的奇迹在沙漠植物身上体现得更加深刻。

沙漠地区气候干旱、高温、多风沙，土壤含盐量高。植物要有非常强的适应能力才能在沙漠中生存。因此，沙漠里的植物与一般的植物相比，在外表形态、内部结构方面存在很大差异。

神奇的根和"低调"的叶

沙漠地区自然条件严酷，所能适应生存的植物种类很少。根据《中国沙漠植物志》统计，中国沙漠植物共计 96 科、498 属、1694 种，仅占中国植物总数的 5.38%。这些稀疏的沙漠植被实际上发挥着维持荒漠区域能量与物质的循环过程、防止荒漠化无节制扩张的重要作用。

受到水分及营养物质缺乏、风大、日照强烈等因素的影响，沙漠植物地上部分的生长很艰难——有些植物的枝条硬化，如木旋花、骆驼刺；有的茎枝上长了一层光滑的白色蜡皮，如沙拐枣、白刺等，这种蜡皮能够反射太阳光，避免植物温度升高所带来的蒸腾过旺。沙生植物因为叶子退化，只好靠绿色的枝条来进行光合作用，如梭梭、花棒等。

沙漠中生长的植物还能够耐沙暴、沙埋。比如红柳、沙蒿等植物的枝干被沙埋后能够生出不定根来阻拦流沙。白刺在风蚀之后，有很多根系都暴露在外面，以生长不定根系而形成的白刺，能够累积几立方米至上千立方米不等的沙堆。

"根系发达"的骆驼刺

骆驼刺是一种豆科植物，属落叶、多分枝灌木，高可达 40 厘米。其性喜光、耐寒、耐旱、耐贫瘠土壤，喜欢沙漠地带或通气、排水良好处，分布于中国内蒙古、甘肃、青海和新疆等地，生长在荒漠地区的沙地、河岸、农田边。骆驼刺花期为 6 月至 7 月，果期为 8 月至 10 月，主要采用种子和根系无性繁衍。因这种植物是戈壁滩和沙漠中骆驼唯一能吃的草料而得名。

骆驼刺具有药用价值。在《内蒙古植物药志》中记载，骆驼刺的入药部分有叶的糖质分泌物、花及种子。骆驼刺味甘、酸，性温，有止泻止痛的功效，主要用于医治痢疾、腹泻、腹胀痛。

◎ 骆驼刺

"迎风不倒"的胡杨

胡杨耐寒、耐旱、耐盐碱、抗风沙，有很强的生命力——生而千年不死，死而千年不倒，倒而千年不腐。胡杨是生长在沙漠的唯一乔木树种，为西北重要造林树种和新疆"沙漠绿洲"重要的景观树种，十分珍贵。胡杨高可达 15 米，分布于新疆、青海柴达木盆地西部、甘肃河西走廊、内蒙古河套地区，多生于水源附近。胡杨对人类来说有很高的实用价值，其木材可供建筑、板料、家具及造纸等用，树干、枝、叶可提取出胡杨碱。

胡杨之所以能生长在高度盐渍化的土壤中，是因为胡杨的细胞透水性较一般植物强，它从主根、侧根、躯干、树皮到叶片都能吸收很多的盐分。当胡杨体内盐分积累过多时，它便能从树干的节疤和裂口处将多余的盐分排泄出去，形成白色或淡黄色的块状结晶，称"胡杨泪"或"胡杨碱"。胡杨碱的纯度在 57% 至 71% 之间，当地居民可以用它来发面蒸馒头。除食用外，胡杨碱还可用于制肥皂，也可用作罗布麻脱胶、制革脱脂的原料。一棵成年胡杨每年能排出数十千克的盐碱，堪称"拔盐改土"的土壤改良"功臣"。

"沙漠卫士"梭梭

梭梭是苋科梭梭属植物，小乔木，高 3 至 6 米，地径可达 50 厘米。梭梭的树皮呈灰白色，树冠稠密。梭梭还能开花和结果，花着生于二年生枝的侧生短枝上，花被片呈矩圆形，胞果呈黄褐色，花期在 5 至 7 月，而果期则在 9 至 10 月。

梭梭在我国主要分布于宁夏西北部、甘肃西部、青海北部、新疆和内蒙古，生长于沙丘、盐碱土荒漠、河边沙地等处。梭梭作为一种抗旱植物，可被饲用，也可作为良药，有清肺化痰、降血脂、降血压、杀菌等功效。此外，由于梭梭根系发达，主根弯曲下伸，具有抗旱、耐高温、耐盐碱、耐风蚀、耐寒等诸多特性，因此是一种极其重要的防风固沙植物，有"沙漠卫士"之称，在荒漠和半荒漠地区的分布极为广泛，具有很好的生态效益。

◀ 胡杨

▶ 梭梭

第三节　沙漠之舟会友朋

舟，船也。古者共鼓货狄，刳木为舟，剡木为楫，以济不通。"沙漠之舟"的美称给了骆驼，这个"舟"是一种连接，如果以骆驼为中心，我们还能由此认识哪些沙漠动物呢？

⌃ 人类驯化的骆驼

沙漠看似是生命的禁区，但是这里也生活着很多动物，除了骆驼，还有野狗、鸵鸟、狼、秃鹰以及各种爬行动物和昆虫。经过数百万年的进化，它们对环境有着极强的适应能力。例如，如果我们人类生存的环境昼夜温差太大，就很容易造成身体不适甚至还会有生命危险，但是沙漠中的动物却可以轻松适应沙漠昼夜温差的大幅变化——它们会选择夜间出动，白天则在洞内穴居，以此来减少身体水分的流失，降低代谢速率。

再比如，沙漠里的一些小动物不需要喝水，它们能直接从植物体中取得水分，还可以依靠自身特殊的代谢方式获得所需水分，并在减少水分的消耗方面有一系列的生理—生态适应机制，包括在水分不足时采取滞育、休眠等方式。

"沙漠之舟" 骆驼

骆驼的寿命大约有 30 年，身高在 1.85 米至 2.15 米（含驼峰）之间，身长近 3.45 米，体重在 300 至 690 千克之间，头小、颈长，毛褐色。

骆驼背部中间有一个或两个"鼓包"，也就是驼峰，有一个驼峰的叫单峰驼，有两个驼峰的叫双峰驼。很多人认为驼峰是骆驼用来储存水的"水库"，其实驼峰是骆驼用来保存身体运转所需脂肪的部位——在食物不足时，驼峰里的脂肪可被分解成身体所需养分。

骆驼还有长长的双排睫毛，并在其上添加了第三眼睑，其作用类似于汽车挡风玻璃的雨刷器，可以清除眼睛中的沙子或其他类型的碎屑。当它想防止沙子进入鼻腔时，还可以关闭鼻孔。另外，它的脚又大又平，有厚皮，两个拇指可以防止其陷入沙子，这些均有利于它们适应沙漠中的远距离负重跋涉。

◀ 骆驼

"古怪精灵"沙狐

沙狐体长50至60厘米，尾长25至35厘米。其脸短而吻尖，耳大而尖，耳基宽阔。背部呈浅棕灰色或浅红褐色，底色为银色。它们生活在草原及荒漠地区，主要在我国辽宁、内蒙古、宁夏、新疆、

⬆ 沙狐

甘肃、河北、四川等地分布，昼伏夜出，行动敏捷。

沙狐从食物中获取所需水分，可以在无水地区生存很长时间，以小型兽类和鸟类为食。沙狐还会利用旱獭弃洞作为巢穴，用于繁殖、栖息和躲避天敌，多个个体可以分享同一个洞穴。

《世界自然保护联盟濒危物种红色名录》（2014）将其评为无危，中国将其评为近危。人类活动的过度干扰导致沙狐栖息地丧失是造成其种群数量下降的主要原因。

"沙漠勇士"沙蜥

在沙漠里生活的小动物，除穴居的啮齿类外，也有一些小型的爬行类动物，比如荒漠沙蜥。

荒漠沙蜥是中国的特有种动物，分布于内蒙古自治区、宁夏回族自治区、青海省、甘肃省等地。荒漠沙蜥也叫作"河套沙蜥"，身体全长约12厘米，其皮肤颜色和沙地颜色差不多，上鼻鳞为粒状，比头部背面其他的鳞小，背鳞和腹鳞则具有强棱，可以有效防止身体水分快速流失，保护体内组织，也不害怕滚烫的沙地。沙蜥的鼻孔和骆驼一样，都是可以关闭的，上、下眼睑

游离缘鳞片向外突出，可以保护眼睛在炎热的
沙尘环境中少受伤害。

︿ 沙蜥

中国对沙漠动物的保护案例

在中国，野骆驼集中分布于阿尔金山—库姆塔
格沙漠及周边区域。为保护这一珍稀物种，1986年9月，阿尔金山野骆驼
自然保护区成立；2000年5月，保护区更名扩界为新疆阿尔金山—罗布泊
野双峰驼自然保护区；2003年6月，保护区晋升为国家级自然保护区，并
更名为新疆罗布泊野骆驼国家级自然保护区。

2021年3月，新疆罗布泊野骆驼国家级自然保护区综合科学考察项目
启动。这是继2010年之后，我国又一次对罗布泊地区开展的大型综合科考。

利用红外相机、卫星追踪定位和遥感等技术，结合常规调查，项目组
完成了近10年所有红外相机数据的分析，以及所有野骆驼野外样线记录和
卫星跟踪颈圈数据的收集和整理。对野骆驼种群分布、数量、集群与群体结
构、水源利用、生境利用、家域面积、活动节律与迁移行为、与同域动物关
系、威胁因素和保护建议等方面进行了全面分析和总结。

▼ 野骆驼自然保护区

第五章
森罗万象漠宝藏

"千淘万漉虽辛苦，吹尽狂沙始到金。"广袤无垠的沙漠中，蕴藏着丰富的资源。具有药用价值的沙漠果实，珍贵的油泉，独具特色的沙漠旅游项目……人们逐渐挖掘出越来越多的沙漠宝藏，人们对沙漠原有的刻板印象在逐渐改变。

第一节　漠中物阜藏锦绣

"珍果出西域，移根到北方。"沙漠特有的植物，在漫漫黄沙中创造出属于自己的一片锦绣之地。

梭梭——沙漠先锋

梭梭的优点是种子发芽快，只要得到一点儿水，在两三个小时内就会生根发芽，而且梭梭种植简单，成活率高，能够带动当地生态环境的快速恢复。虽然从外表上看它们像是一团干柴，像是快枯萎了，但实际上它对环境的要求很低，能适应较高的土壤酸碱性（1~10 克 / 升），生命力非常旺盛。

梭梭的另一个优点是能够改善土壤结构。有研究发现，在种植了 20 多年梭梭的沙丘地区，其土壤的有机质含量有所提高，增加了土壤肥力，能够满足更多的植物生存所需。有了梭梭"开疆拓土"，沙漠的植物多样性会越来越丰富，由此当地的动物食物链也会更加丰富，最终生态系统会变得更加健康。

梭梭与肉苁蓉

梭梭不仅是"沙漠先锋"，而且也为沙漠"生"金另辟蹊径。梭梭是被誉为"沙漠人参"的肉苁蓉喜爱的"寄主"之一，它们寄生在梭梭根上，从中吸取养分及水分，以供自己的生长。在"难舍难分"的寄生关系中，蕴含着巨大的经济价值。

肉苁蓉属高大草本植物，大部分生长在地下，具有极高的药用价值，是中国传统的名贵中药材。根据《本草纲目》《日华子本草》记载，肉苁蓉可用于治疗腰膝冷痛、耳鸣目花等病症。此外，肉苁蓉也可用来做粥、泡酒。

△ 肉苁蓉

由于被大量采挖，肉苁蓉的数量急剧减少，被世界自然保护联盟列为濒危等级，于 1984 年列入中国《国家二级保护植物名录》。目前，肉苁蓉已在内蒙古自治区（阿拉善盟、巴彦淖尔市）、新疆维吾尔自治区（且末县、和田地区、吐鲁番市）、甘肃省（民勤县）和宁夏回族自治区（永宁县）等地大规模种植。

"维生素 C 之王"在沙漠？

无论是在线上还是线下购物，我们经常听到沙棘汁富含丰富的维生素 C，被誉为"维生素 C 之王"的广告词。沙棘是什么？它又来自哪里呢？

沙棘亦称"中国沙棘"，胡颓子科，属落叶灌木或小乔木，枝灰色，棘刺多而粗壮，果实卵圆形，橙黄色，多产于四川、青海、内蒙古、甘肃、陕西至河北一带。沙棘的生长不择土壤，对温度条件要求也不高，可在零下 50℃的极端低温和 45℃的极端高温条件下生存，因此可作固沙植物，我国西北部大量种植了沙棘，用于沙漠绿化。

史书有载，三国时期蜀国一队远途行路中，因长时间在崎岖的山路上艰苦跋涉，致使人困马乏，体力透支。有人在荒山野岭寻找、采摘"棘果"食用，

△ 沙棘

充饥解渴。在吃了"棘果"后，大家发现疲劳感很快就消失了，体力也得到了恢复，最终渡过了难关。他们当时服用的"棘果"就是现在所说的沙棘。

沙棘具有非常可观的经济价值，是药食同源的植物，果实中含有多种维生素、脂肪酸、微量元素、沙棘黄酮、超氧化物等活性物质和人体所需的各种氨基酸，其中维生素C含量极高。在轻工、外贸、宇航等领域，沙棘也能大显身手，带来的经济效益也是十分可观。

沙漠里的桂花香

"新疆沙漠有三宝，沙枣、沙棘与甘草。"作为沙漠三宝之一的沙枣也是沙漠的守护者，能适应温带荒漠地、砂壤土和滨海盐渍土等土壤。沙枣的根系有固土的作用，它的凋落物可增加土壤有机质，改善盐碱地土壤理化性质，提高盐碱地肥力；对地下水位高的重盐碱地具有生物排水作用，能增加盐碱地植被覆盖度；还可调节林内温度，改善生态环境。因其开花香味与桂花相似，因此有"沙漠桂花"之称。

除了对环境的有利作用外，沙枣的营养成分也很丰富，它含有 17 种氨基酸，以及少量的磷、钙、铁、锌及烟酸等。果可鲜食，也可用果肉酿酒、制醋、发酵谷氨酸、生产饮料等。沙枣的药用价值也很高，花、果、枝、叶和树皮都可入药，如其叶片的提取物对慢性气管炎、腹泻、冠心病和烧伤创面等有一定疗效。

　　沙枣的果粉还可以被转化作为燃料乙醇使用，果粉发酵之后的剩余物干基也可以作为优质饲料使用。等到沙枣开花的季节，众多的黄色小花组成一幅别致的画面，还可以发展生态旅游项目。同时，沙枣如果进行产业化生产，便能够获得生态、经济以及社会等方面的综合效益，对优化能源结构、推动碳汇林建设、实现碳达峰和碳中和目标意义重大。

⚠ 沙枣

第二节　吹尽狂沙始到金

从古至今，很多人对沙漠都是望而却步，沙漠中的宝藏只得长期沉睡在地下。随着科技的发展，人们开始探索沙漠中蕴藏的能源、矿产。正所谓"千淘万漉虽辛苦，吹尽狂沙始到金"，在无数勘探工作者的努力下，我们逐渐揭示了沙漠的秘密。我国沙漠多属盆地型沙漠，地质构造为古老地台或台块的基底上形成的中新生代沉积盆地，富含盐类沉积型矿床，埋藏有丰富的石油、天然气和煤炭等，这些资源的发现使沙漠成为名副其实的"聚宝盆"。

黑油山不是山

黑油山是世界一大地貌奇观，位于新疆维吾尔自治区克拉玛依市区东北部2千米处，准噶尔盆地西北缘。因原油长年外溢，凝结成一群沥青丘，最大的一个高13米，面积达0.2平方千米。"克拉玛依"在维吾尔语中意为"黑油"，故这个天然石油沥青丘得名"黑油山"。

黑油山是如何形成的呢？在它地下埋藏的石油在这里已沉睡上亿年。由于地壳变动，岩石断裂破碎，地下石油受地层压力影响，从岩石裂隙中不断向地表渗出，石油中轻质部分挥发，剩下又黏又稠的石油同大风裹挟来的大量砂砾凝结，经过风吹日晒，逐渐固化。就这样年复一年，越堆越高，于是就形成了现在的黑油山。黑油山上至今仍有多处油泉，油泉不断涌出原油形成了多个小油沼。这里的石油油质为珍贵的低凝原油，这种原油的特性是含蜡量少，凝固点可以低至零下70℃。

黄沙中的"地下粮仓"存的是粮食吗？

说到粮仓，你会想到什么呢？是黑土地？是黄淮海？是鱼米之乡？还是天府之国呢？在新疆鄯善县，也有一座总投资高达 70 亿元的"粮仓"——吐哈油田温吉桑储气库群，这里储存的是清洁能源——天然气。

天然气是人类最常用的自然资源之一，从煤炭生火到对天然气的高度依赖，人们的生活有了很大改变。天然气与煤炭比较，有哪些优势与不足呢？

	天然气	煤炭
优点	洁净、使用方便、燃烧效率高	开采成本低、运输方便、价格便宜
不足	开采技术要求高、储运难度大、投资大、收益慢	使用不方便、燃烧效率低、污染环境

随着时代的不断发展，为了更好地推动绿色经济发展，建设生态文明，人类对于天然气的使用需求也在不断增长。从长远来看，为了避免天然气供应短缺，"地下粮仓"的建造十分必要。当天然气需求量低时，人们可以将天然气储存在储蓄罐中，当天然气需求量高时，则可以把它从储蓄罐中取出来使用。

温吉桑储气库群是我国能源仓储的标杆之作。这是国内第一座低孔低渗低产强非均质性复杂气藏型储气库群，因为建造水平高，风险管控体系完整，所以温吉桑储气库群也是中国西气东输项目的重要配套设施。该工程设计总库容 56 亿立方米，工作气量 20 亿立方米，预计 2025 年现场工程建设全部完成并陆续投运。

值得一提的是，该储气库不仅在建成后将发挥重要作用，在建设的过程中，它还可以带动中国的经济发展、促进当地就业，增加当地居民的收入，有效提高中国西部地区居民的生活质量。可见，建设大规模的天然气储气集群，是顺应时代潮流，也是自身发展的需要。

西气东输平衡资源配置

我国东部沿海地区经济发达，人口稠密，对资源和能源的需求量大，而东部沿海地区又是我国能源最缺乏的地区，能源紧缺一直是影响经济发展的重要原因。传统的煤炭运输需要借助铁路、公路和水运等交通运输方式，运输时间长、消耗能源多，而且煤炭在使用过程中会对环境造成污染。我国西部地区拥有丰富的天然气资源，且当地能源消费较少，这就存在着各区域对自然资源需求与拥有的自然资源不匹配的状态。因此，资源跨区域调配十分必要，西气东输项目应运而生。

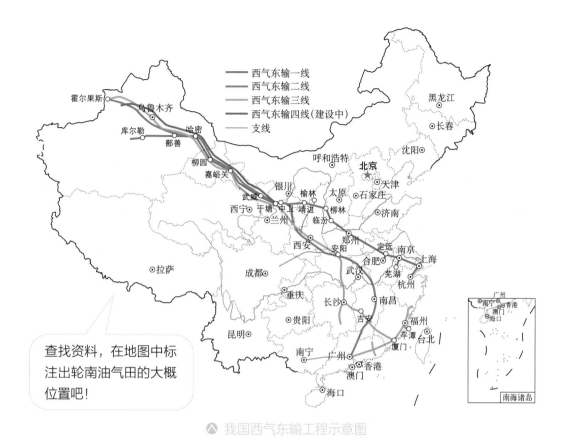

查找资料，在地图中标注出轮南油气田的大概位置吧！

⛰ 我国西气东输工程示意图

　　西气东输一线工程于 2022 年 7 月开工，2004 年 10 月 1 日全线建成投产。主干线西起新疆轮南油气田，东至上海市。全长 4200 千米、输气量每年 120 亿立方米。二线工程于 2008 年 2 月开工，2012 年 12 月 30 日全线建成投产。主干线西起新疆霍尔果斯口岸，南至广州。干线全长 4895 千米，输气量每年 300 亿立方米。三线工程于 2012 年 10 月开工，2015 年全线贯通，主干线西起新疆霍尔果斯口岸，东至福州，输气量每年 300 亿立方米。2022 年 9 月，西气东输四线天然气管道工程正式开工，建成后将与西气东输二线、三线联合运行，进一步完善我国西北能源战略通道，加快西部资源开发，促进资源优势转变为经济优势。同时，西气东输的工程建设还为西部增加了就业机会、拉动了相关产业发展、推动了基础设施建设，还为我国环境保护贡献了力量。

△ 西气东输四线管道工程作业现场

北方沙漠戈壁地区是我国的煤炭基地

我国是煤炭资源非常丰富的国家，全国的煤炭累计探明储量为 8894 亿吨，保有储量 8737 亿吨，约为世界煤炭探明储量的 30%，居世界第一位。但你知道吗？这里面有五成的煤炭资源都储藏在北方的沙漠戈壁地区，包括埋藏在毛乌素沙地下的神府煤田、毛乌素沙地和库布齐沙漠间的准噶尔煤田、埋藏在宁夏河东沙地的河东煤田等。

如此丰富的煤炭资源在我国发挥着怎样的重要作用呢？很多人都说开采使用煤炭会造成环境污染，那是否意味着我们立刻弃用煤炭才是有利于生态建设的做法呢？

煤炭是我国主体能源和能源安全供应的基石，也是未来我国"双碳"目标实现的兜底保障能源。国家能源集团科技部主任曾说，"煤炭作为我国主体能源，要按照绿色低碳的发展方向，对标碳达峰、碳中和目标任务，立足国情、控制总量、兜住底线，有序减量替代，推进煤炭消费转型升级。"

加快推进清洁新能源的技术研发与应用固然十分重要，但主任也表示，煤炭在未来能源结构中仍会继续发挥三个基础作用——煤炭在一次能源供应的基础保障作用；煤电在新型电力系统中的基础调峰作用；煤炭在工业领域的基础能源和原料，特别是在化工、钢铁、水泥等工业领域的应用。

探索与实践

　　请你查阅资料，说一说人类在挖掘和利用沙漠资源的过程中，都为经济发展带来了哪些新契机。你可以利用思维导图完成内容的梳理和呈现。

第三节　寻幽探胜赏沙海

　　寻幽探胜，指游览山水时寻找幽雅的胜地。这个成语出自唐朝李白所作的《春陪商州裴使君游石娥溪（时欲东归遂有此赠）》中的诗句："寻幽殊未歇，爱此春光发。"沙漠是自然赐予人类的宝贵旅游资源，沙漠旅游就是一场寻幽探胜之旅。与城市迥然不同的景观、流动变幻的景色、绚烂传奇的历史，使沙漠成为探险家的神秘之地，摄影师的光影之地，旅行者的探奇之地，考古学家的发现之地。沙漠旅游，需要一双善于观察的眼睛，才能够发现中国沙漠自然与文化的独特之美。

沙漠旅游的独特之处

　　沙漠旅游，以风沙地貌为主的自然景观独特，以风沙地貌为基础的其他游览、娱乐的项目带给游客的体验感独特而深刻。

　　在漫长的岁月里，风和沙的"呼应"形成了沙漠特有的风沙地貌，原生态的自然景观，是沙漠最宝贵的旅游资源。沙漠，独具空旷、苍茫之感，不同的地貌让沙漠有了各自不同的"性格"——复杂多样的风积地貌给人以温柔和细腻之感；而形态各异的风蚀地貌则给人以阳刚和粗犷之感。

　　风沙创造了独特的自然景观，而风沙和其他因素组合又创造了多种不同的"沙漠地貌＋"风景。

⚠ 滑沙

"沙漠地貌 + 日月星辰"，感受自然的壮美。风沙地貌形成的优美曲线，伴随着太阳东升西落，创造出日出、日落时的绚烂风景。如果足够幸运，你还能看到光的折射创造出的沙漠"海市蜃楼"。

库姆塔格沙漠曾出现过海市蜃楼景象——在沙漠中出现一片"湖面"。这片"湖面"远看有水有草，走近看仍是沙漠，根本没有湖水的踪迹。沙漠在夏季容易出现海市蜃楼的景象，有时能够从中午开始持续几个小时，是真正的沙漠奇景！

⚠ 海市蜃楼景区

仿佛沙漠远处有海浪或湖泊，但是走近看会发现什么都没有，这就是海市蜃楼的景象。

△ 库姆塔格沙漠中的海市蜃楼景象

拓展阅读　　**沙漠里的海市蜃楼**

海市蜃楼的成因是光的折射和全反射，将地球上的一处自然景观折射到大气中形成的虚像，简称蜃景。蜃景的出现与地理位置、地球物理条件、气象条件有密切关系。气温的反常分布是大多数蜃景形成的气象条件。中国古代关于蜃景的最早记录是在海上，因此有了海市蜃楼的名称。

在沙漠中，白天沙石受太阳炙烤，沙层表面的气温迅速升高。由于空气传热性能差，在无风时，沙漠上空的垂直气温差异非常显著，下热上冷，上层空气密度高，下层空气密度低。当太阳光从密度大的空气层进入密度小的空气层时，光的速度发生了改变，经过光的折射，将远处的绿洲景象呈现在人们眼前，从而形成了沙漠里的海市蜃楼。

沙漠还是观星的好地方。地处我国西北的宁夏回族自治区每年有接近300 天的晴好天气，一年四季皆宜观星。被誉为"星星的故乡"的宁夏，近年来一直以打造星空特色旅游目的地和最美观星体验目的地为目标，先后推出了沙漠星星酒店、大漠星河旅游度假区等沙漠旅游度假产品。

位于宁夏中卫市的首批国家 5A 级旅游景区沙坡头，被中外旅游专家誉为"世界垄断性旅游资源"。国内首个以沙漠观星为主题的酒店坐落在中卫沙坡头旅游景区内。酒店按照五角星形状规划设计，从高空俯瞰，犹如一颗颗星星散落在大漠深处。在这里，游客可以体验"躺在床上数星星"的奇妙感受。

⌂ 酒店航拍图

拓展阅读　沙坡头旅游景区

　　乾隆年间，因在河岸边形成一个宽 2000 米、高约 100 米的大沙堤，这里得名沙陀头，讹音沙坡头。百米沙坡，倾斜 30 度，在天气晴朗、气温升高时，人从沙坡向下滑，沙坡内会发出一种"嗡——嗡——"的轰鸣声，犹如金钟长鸣，悠扬洪亮，故得"沙坡鸣钟"之誉，是中国四大响沙之一。沙坡头旅游景区内设有飞越黄河、沙漠探险、沙漠冲浪、滑沙、黄河漂流五大精品活动，享有"中国沙漠旅游基地"的美誉。

"沙漠地貌 + 文化遗迹"，感受历史中的辉煌。 沙漠里的历史遗迹，给沙漠之旅增添了一些神秘色彩。除前文提到的尼雅遗址，还有黑城遗址、锁阳城遗址等。

　　黑城位于内蒙古自治区西部的一片荒漠上。自 1983 年起，中国学者对黑城遗址进行了多次发掘。遗址平面呈长方形，东西长 434 米，南北宽 384 米。遗址的城墙是用黄土夯筑而成，残高约 9 米，西北角城墙上存有土筑方形佛塔。城内有大小十字街，街两侧主要是店铺和民居。从黑城遗址出土的文物主要有西夏文字典《番汉合时掌中珠》和西夏、藏、蒙古、汉文文书等，还有元代"至元通行宝钞"等纸币。

黑城遗址

　　锁阳城始建于汉代，曾名苦峪城，是我国汉、唐古城遗址中目前保存最完整的一座城，周边分布的古墓葬东西绵延数十千米，现已查明汉、魏、晋、唐时期的古墓葬有四千余座。"锁阳城"这个名字来源于一段传说。唐太宗李世民命太子李治率兵征讨西域，薛仁贵奉命随行。薛仁贵打到苦峪城后，被哈密国元帅苏宝同的大军围困在城中。当时正值寒冬腊月，士兵饥寒交迫。正在这时，士兵们发现城周边有些地方既不积雪、也不封冻，挖开后发现有植物根块（名为锁阳），便尝试食用。就这样，薛仁贵和众将士靠吃锁阳一直坚持到救兵到来，为纪念锁阳救了将士们的命，苦峪城改名为锁阳城。

　　沙海中的遗址是历史留给中华民族的宝贵财富，沙海中探寻遗址之旅，是在掀开民族互融的历史记录本，是在翻看中华民族多元一体民族进程的见证书，是在赏沙海里的文化瑰宝。

在沙漠里寻幽探胜

　　很久以前，人们去沙漠要带上当地人作为向导，这些向导可以帮助找到干净的水源和正确的行进方向。可现在不一样了，随着中国交通线的建设，沙漠已经有了公路、铁路。沙漠中贯通的交通线就是现代的沙漠"向导"。

　　塔克拉玛干沙漠里有多条公路。其中轮台县到民丰县的塔里木沙漠公路是目前世界上在流动沙漠中修建的最长的公路。沿着这些公路穿越塔克拉玛干，可以实现自驾车出行的"寻幽探胜"之旅。

　　如果你觉得开车太耗费精力，总要计算剩下的汽油还能走多远太麻烦，那么乘坐火车也是不错的沙漠旅行交通方式。

　　和若铁路（和田至若羌）地处塔克拉玛干沙漠的南缘，全长825千米，设计时速为120千米，有534千米分布在风沙区域，占路线总长的65%，是一条典型的沙漠铁路，开通运营后与格库铁路若羌至库尔勒段、南疆铁路库尔勒至和田段共同构成世界首个沙漠铁路环线——长达2712千米的环塔克拉玛干沙漠铁路环线。和若铁路的大部分线路位于风沙和戈壁的荒漠无人区，自然环境恶劣。2019年，新疆和若铁路有限责任公司在国内率先提出"沙漠修铁路，治沙要先行"的全新理念，开展打井、机械防沙、植物种植及补种工作，风沙防护工程与铁路建设同步进行。和若铁路的建成通车，极大便利了沿线各族人民的出行和货物运输，带动了沿线资源开发，对维护民族团结、巩固边疆国防、助力乡村振兴都具有十分重要的意义。

⚠ 若民高速与和若铁路在大漠里纵横交错

　　人们在探索自然的同时也要敬畏自然。据媒体报道，2023 年 7 月新疆若羌县公安局发布通报称，一自驾车队十余人跟随一名领队自敦煌市出发，未经批准穿越若羌境内国家级野骆驼自然保护区，私闯罗布泊无人区后，其中四人不幸遇难。

　　其实早在多年前，罗布泊野骆驼国家级自然保护区管理局就曾多次发出通告，严禁一切社会团体、单位或个人进入保护区开展旅游、探险活动，因为这里难以预测的沙尘暴会让人迷失方向，地面的流沙也可能使车辆和人陷进去动弹不得。在夏季，罗布泊地表温度可达 70℃左右，任何人都站不住脚。因此，请同学们牢记！进行沙漠旅游之前一定要充分考虑自身的身体条件是否适合在炎热干燥且多沙的环境中活动，如果你决定参与沙漠旅游，请一定要跟随有监护人在场的专业团队出发，全程配合专业人士的指导，不擅自行动。

▲ 学生参与主题研学活动——徒步沙漠

拓展阅读 　　沙漠旅游前的准备工作

　　沙漠旅游虽然充满新奇，但旅行前需要做好充足的准备。

　　首先选择好出行时间。沙漠春季风沙多，夏季高温难耐，冬季寒冷刺骨，相对而言，秋季更适合去沙漠旅行，但仍需要做好应对高温和昼夜温差的准备。可以涂抹防晒霜和润唇膏、佩戴太阳镜和遮阳帽等避免晒伤。另外，即使白天气温较高，也推荐穿着轻薄柔软、透气性好的长袖上衣及长裤，不仅可以有效防晒，还能防止粗大沙粒磨蹭皮肤导致受伤。此外，备好充足的水也是很重要的。夜晚沙漠地区气温会下降很多，需要及时增添衣物，以防夜晚着凉。

　　防沙，也是沙漠旅行必须要做的准备。在沙漠行走，最好配上一双轻便透气的高帮鞋，这样沙子就不会"钻"进鞋里，影响走路。同学们还要注意在沙漠中尽量减少使用电子产品的时间，用完立即放回包里，防止细小沙粒"钻"进设备中造成损坏。

　　沙漠之行，攀过高大的沙山、多变的沙丘，走过秀美的湖泊，望过漫天的繁星，是对自然之美的"寻幽探胜"；探访千年的故城、神秘的古墓、诗中的要塞、古刹的残垣是对文化之美的"寻幽探胜"。贯通的铁路线、公路线，是人们赏沙海的"指南针"，更是推动沙漠地区旅游资源开发的"指南针"。

　　沙漠旅游的开发与推广有利于地区经济的发展，同时，我们也应该看到沙漠旅游产业发展对生态建设的意义。将防沙治沙和旅游开发结合起来，在恢复生态植被的基础上进行适度的旅游产业化开发，形成集生态效益、经济效益和社会效益于一体的沙漠旅游产业，实现可持续发展。

探索与实践

　　假如你是一名导游，要带领同学们去沙漠开启一场"寻幽探胜"之旅，你将选择哪些地方，欣赏什么样的景色呢？请绘制一幅属于你自己的沙漠旅行路线规划图。

第四节　制天而用绿沙洲

"制天命而用之"出自《荀子·天论》，意在讨论人与自然的关系，可以理解为掌握、利用自然的规律，造福人类。虽然沙漠与其他地区相比相对贫瘠，但自然也不忘在沙漠中留下宝贵的资源，留给人们待开发的生机。

"蓝海"亮绿洲——沙漠太阳能的利用

太阳能是取之不尽、用之不竭的清洁能源。中国很多地方都已经建设了光伏电站，这些光伏电站将吸收的太阳能转化成电能，供人们生产、生活使用。

沙漠是建设集中式光伏电站的优选场所之一。沙漠里的太阳能板，规则有序地绵延铺开，仿佛沙漠中出现了蓝色的"海洋"。

▲ 沙漠中的光伏发电站

2017 年，达拉特旗开始在库布齐沙漠谋划建设占地面积约 6670 万平方米、规模为 2000 兆瓦的光伏治沙项目。2018 年 6 月 30 日，达拉特光伏发电应用领跑基地动工，其中，国家电投内蒙古公司投资建设了达拉特光伏发电应用领跑基地 1 号和 4 号项目，开创了 133 天建成 300 兆瓦沙漠光伏电站的先河，其中就包括中国的新"蓝海"——"骏马"光伏电站。

"骏马"光伏电站是被吉尼斯世界纪录认证的世界上最大的光伏板图形电站，由近 20 万块光伏板拼接而成，占地面积 130 多万平方米。截至 2022 年 9 月，累计输出绿电 23.12 亿千瓦时，相当于节省标准煤 76 万吨，减少二氧化碳排放 185 万吨。

⚫ "骏马"光伏电站

在开发利用太阳能资源的同时，"骏马"光伏电站采用"林光互补"模式，即板上发电、板下修复、板间种植。电站在光伏阵列间种植紫穗槐、黄芪等经济林，在光伏板下种植沙生灌草植物，实现防风固沙和生态修复，保护光伏阵列间地面免遭风沙侵蚀。同时，光伏板既能发电，又能挡风，改善板下植物的生存环境，可谓是一举多得。

在甘肃省敦煌市向西约 20 千米处，有一座 260 米高的集热塔在茫茫戈壁滩闪耀。看到这里你可能会产生疑问，这部分不是介绍沙漠的发电项目吗？集热塔与发电有什么关系？其实，这里是被称为"超级镜子发电站"的首航高科敦煌 100 兆瓦熔盐塔式光热电站。步入这座光热电站，人仿佛走进了一片钢铁森林，电站内 12000 多面定日镜以同心圆状围绕着集热塔，越靠近集热塔，镜子的布局就更加密集。每面定日镜由 35 块小镜子组成，面积有 115 平方米，它们像向日葵一样，跟随着太阳运动的轨迹，转动自己的"身体"，以各自独特的角度迎接太阳光的照射，目的就是把太阳光全部反射到集热塔顶部。

熔盐塔式光热发电站

　　这座电站是由我国企业自主设计、投资和建设的，于 2018 年 12 月底并网发电，是国家首批光热发电示范电站之一。镜场总反射面积 140 多万平方米，设计年发电量达 3.9 亿千瓦时，每年可减排二氧化碳 35 万吨，是我国目前建成的规模最大、吸热塔最高、可 24 小时连续发电的 100 兆瓦级熔盐塔式光热电站。

　　如此闪耀的集热塔，它的发电原理是怎样的呢？集热塔作为吸热器的承载基础，而镜子则作为太阳能的接收器，镜子将太阳光反射到集热塔顶的吸热器上，里面的液态熔盐流经吸热器管道并吸收热量，随后这些携带一定热量的熔盐通过蒸汽发生系统与水做热交换，产生高温高压的水蒸气，从而推动汽轮发电机组发电。

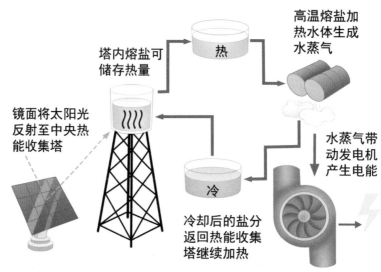

塔内熔盐可储存热量

镜面将太阳光反射至中央热能收集塔

高温熔盐加热水体生成水蒸气

热

冷

水蒸气带动发电机产生电能

冷却后的盐分返回热能收集塔继续加热

🔺 熔盐塔式光热发电站工作原理示意图

　　沙漠戈壁中除了有类似上述的两种大型光伏电站外，还有很多小型的光伏发电设备，积少成多，也能发挥不小的作用呢！例如2022年6月建成投产的塔里木油田沙漠公路零碳示范工程，人们利用新建的86座光伏发电站具备的万余块太阳能光伏板将阳光转化成电能抽水灌溉，为绵延436千米的沙漠公路生态防护林提供了更加"绿色"的水源，实现了公路全线零碳排放，成为我国首条零碳沙漠公路。

为什么沙漠里的太阳能更值得开发呢？

　　一方面是因为中国沙漠地区太阳照射时间长，因此太阳能资源丰富，且具备光电转换的多方面显著优势。按照每年365天计算，每天24小时，每年就有8760小时，除去没有光照的夜晚、阴雨天，剩余的日照充足的白天就是可以利用太阳能发电的日子。如上文提到的"骏马"光伏电站所在的库布齐沙漠平均每年日照在3180小时左右。

　　另一方面是沙漠可用于光伏发电的土地资源充足。广阔的沙漠无人区，为建设光伏电站提供了充足的土地，在传统工农业难以涉足的地方，光伏发电把沙漠变成了具有生产价值的"宝地"。相比之下，城市里高楼林立，寸土寸金，建设大规模应用太阳能的电站成本高、选址难，零散的放置一些太阳能电池板，也有可能因为建筑物对阳光的遮挡只能小范围的"自给自足"，不能作为清洁能源替代传统能源来支撑大范围的生产生活使用。

一年 365 天，每天 24 小时
一年有 8760 小时

库布齐沙漠
平均每年 3180 小时光照
腾格里沙漠
平均每年 3200 小时光照

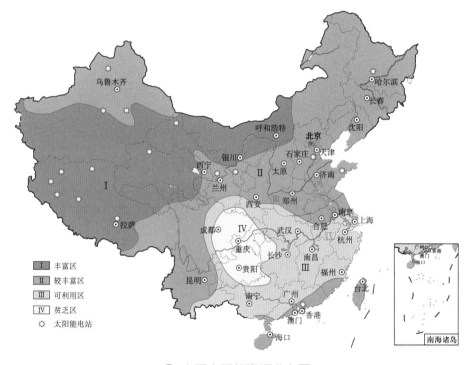

Ⅰ　丰富区
Ⅱ　较丰富区
Ⅲ　可利用区
Ⅳ　贫乏区
◇　太阳能电站

△ 中国太阳能资源分布图

太阳能是清洁能源，沙漠里的光伏电站也是无污染的吗？

建设光伏电站过程中使用的一系列硬件及技术，会不会对沙漠地区的生态环境造成污染或影响呢？

有人曾提到 3 种光伏电站项目可能存在的技术风险——电磁辐射、光污染和噪声污染。接下来就让我们一起来看看建设光伏电站是否真的存在这些风险吧！

电磁辐射　将光伏组件所发的直流电转变成交流电并实现和电网的连接，需要较多的电力设备和电子器件，这些设备在运行时会影响周围的电磁环境。但是，光伏发电系统的电磁环境是符合国家各项标准的。

光污染　光伏发电系统需要尽量减少光反射从而提高发电效率，光伏玻璃反射率比传统的幕墙玻璃或汽车玻璃反射率均小很多，因此合格的光伏发电系统一般不存在光反射或光污染。

噪声污染　光伏发电是所有发电技术中唯一没有动力过程的，逆变器噪声指标不高于 65 分贝，因此不会产生噪声污染。

光伏电站建成后使用时会造成环境污染吗？其实，只要了解太阳能如何被转换成电能，就知道沙漠里的光伏发电站生产的是真正无污染的清洁能源——从吸收光能开始到并入电网输送到千家万户，整个过程中没有产生燃烧化石能源的废气，也没有固体废弃物。清洗太阳能光伏板的水还可以用来浇灌板下的植物。

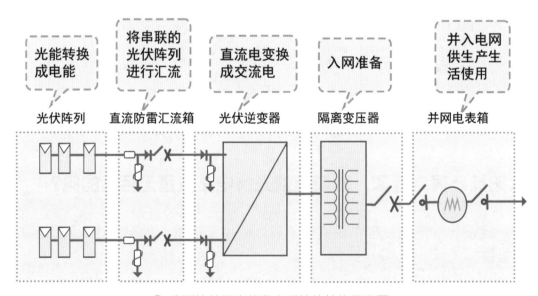

典型的并网光伏发电系统的结构示意图

沙漠里已经建设了光伏电站，为什么还要建风电场？

风沙是自然灾害，但风能确是宝贵的自然资源。风能的利用方式主要是将它的动能转换为其他形式的能。中国沙漠（地）戈壁地区的风能资源丰富。风能资源在全区的分布与风沙活动强度分布十分相似。在中蒙边境，辽阔的草原和戈壁为风能资源丰富的区域，其全年可供风能达 1.8 亿至 2.5 亿千瓦以上，约相当于 10 个三峡水电站的供能。此外，在柴达木沙区风能资源也很丰富，大部分地方可供风能量年达 1.1 亿至 3 亿千瓦以上。

进入"十四五"时期，我国多次提出加快推进沙漠、戈壁、荒漠地区大型风电光伏基地建设。2022 年，国家发展和改革委员会和国家能源局发布《以沙漠、戈壁、荒漠地区为重点的大型风电光伏基地规划布局方案》，方案计划以库布齐沙漠、乌兰布和沙漠、腾格里沙漠、巴丹吉林沙漠为重点，规划建设大型风电光伏基地。

和大型太阳能发电厂一样，风力发电设施也是利用了沙漠里的自然气候条件和广阔的土地资源。比如位于甘肃省玉门市西南 37 千米的砂砾戈壁滩上的黑崖子风电场，以及典型的沙漠地带平地风场——内蒙古阿拉善盟风电场。

沙漠里的一些地区，太阳能发电和风力发电成绩都不是很"突出"，但是却能呈现出季节互补性，克服气候原因造成的发电不稳定性。比如春季风大，适合风力发电；夏季炎热，适合太阳能发电。

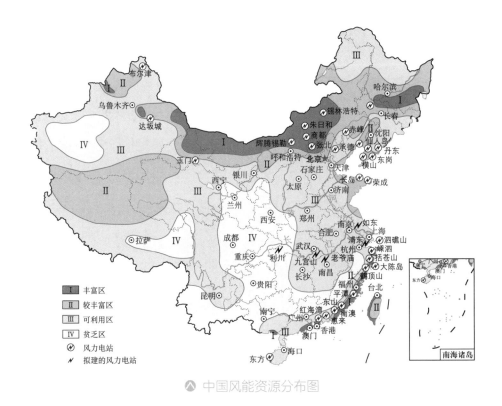

中国风能资源分布图

置身沙漠之中，人们能看到独特的风景，了解到古国的辉煌、丝绸古道的通达，更能感受到民俗风情的魅力，惊叹于超级工程的巧妙、资源利用的智慧。西气东输、风力发电、光伏发电，大漠戈壁上的清洁能源是中国资源调配中的重要一员，也是人们在与沙漠共存共生中探索出来的绿色之路。未来，随着科学技术的进步，还将有更多人与自然和谐发展的可能性会在沙漠中实现。

探索与实践

　　风能和太阳能是沙漠里的重要自然资源，请你查阅资料，列举出沙漠里重要的风能和太阳能产区。

第六章
草枯沙翻换新颜

　　"草枯沙翻"是指枯草颜色已经发白，沙土被风吹起移动。这个成语出自唐代齐己《边上》中的诗句"草上孤城白，沙翻大漠黄"。土地荒漠化是全球面临的主要环境问题之一。中国是受荒漠化严重危害的国家之一，随着气候变化和人类活动的加剧，大片的耕地、草地和林地逐渐退化，形成了黄沙漫天的沙漠。面对这样的世界顽疾，中华沙漠人投身沙海，植树造林、养护草场、恢复生态，将一片片飞沙扬砾的沙海换上"新颜"变绿洲。

第一节　浩瀚沙海绘葱茏

　　"浩瀚沙海"是指漫无边际的沙漠。2023 年 1 月，国家林草局在举行的全国防沙治沙规划暨荒漠化石漠化调查结果新闻发布会上表示，中国荒漠化和沙化土地面积已经连续 4 个监测期保持"双缩减"，首次实现所有调查省份荒漠化和沙化土地"双逆转"。中华治沙人不畏艰难，积极探索，通过保护耕地、养护草场，让昔日的"沙进绿退"逐渐转变为如今的"沙退绿进"，沙区植被覆盖率明显增加，出现一片片草木葱茏的景象。

土地沙化是土壤里面进沙子了吗？

　　土地沙化并不是土壤里面进了沙子，土地沙化是指由于土壤侵蚀，表土失去细粒（粉粒、黏粒）部分而逐渐沙质化，或由于流沙（泥沙）入侵，导致土地生产力下降甚至丧失的现象。土地沙化现象多出现在干旱、半干旱等生态环境脆弱地区，或临近沙漠地区。

　　土地是否发生沙化与土壤中的水分平衡有关。当土壤中的水分补给量小于损失量，同时地下水位降低，导致土壤内储水量减少时，就有发生沙化的倾向。

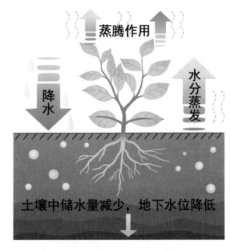

土壤中水分补给和损失示意图

甘肃省敦煌市雅丹国家地质公园

知识速递

风蚀作用和风积作用

　　风蚀作用：即风的侵蚀作用，指在风力作用下地表物质被侵蚀、磨蚀并被带走的过程。风蚀是风成作用的首要环节。一切风成作用过程都是首先经由风蚀过程发生的。风蚀主要以两种方式进行，一种是吹蚀，即单纯依靠气流的冲击力和紊流作用，把暴露地表的部分松散的碎屑吹离地表的过程。吹蚀作用的强度主要取决于风力的大小、地表碎屑颗粒的粒径及其联结力。风力越大、地表碎屑愈细，吹扬作用愈强；另一种是磨蚀，即在吹蚀过程中，地面气流中携带大量砂粒，对所经地表和物体产生很强的打磨作用，这种过程叫磨蚀。风的吹蚀作用和磨蚀作用是相互联系和共同进行的过程。风蚀的直接后果是地表上的细粒物质减少，粗粒物质增加，同时伴随土壤有机质和养分的损失。严重的长期风蚀会在荒漠地区形成戈壁、雅丹及风蚀洼地等地貌现象。风蚀是荒漠化的重要过程和表现。风蚀作用与地表的植物覆盖密切相关，由于自然或人为因素的影响，植被减少以致于地表裸露时，就会加剧风蚀作用。

　　风积作用：当风力减弱时，所挟带的沙粒等物质发生堆积的作用。沙粒堆积在土壤表层，导致土壤逐渐沙化。

土地沙化存在的危害

土地沙化会造成地表植被破坏、土壤肥力下降、水土流失等严重后果，使原本的绿水青山变成茫茫黄沙，出现"平沙莽莽黄入天"的景象，即在茫茫无边的黄沙连接云天，分不清哪部分是天，哪部分是地。另外，土地沙化还会导致自然灾害不断加剧，沙尘暴频发，让更多的村庄和城市出现"回风飒飒吹沙尘"的景象。为了减轻土地沙化对当地居民生活的影响，有人想出了"生态移民"的办法。

生态移民是通过对人口的迁移，减少或停止人口对自然生态环境的影响和破坏活动。一方面修复重建原居住地的生态环境，另一方面可将人口迁移到生存条件较为适宜的地区，交通、市场、教育、医疗等条件相对较好，这些居民的基本生活水平可以得到改善。

⚠ 沙尘暴

⚠ 甘肃省武威市古浪县黄花滩生态移民区富民新村

如何防治土地沙化？

△ 土地沙化防治漫画

在多数情况下，土地沙化的防治工作往往需要大量的经济投入，但是很多土地沙化的地区经济是十分困难的。因此，在土地沙化防治工作中一以贯之的原则就是经济性原则——把每一分钱都花在刀刃上。同时，要加强对当地居民的土地沙化及其防治的科普宣传工作，既鼓励他们积极配合防治工作，也要让他们享受到防治工作带来的好处。当然，除了考虑经济问题外，还要充分理解科学性原则在防治工作中的意义，因地制宜，灵活运用综合科学知识，达到防治的最佳效果。

接下来，就让我们一起来看一看土地沙化防治工作的具体措施吧！

退耕还草、退耕还林：作为世界上投资规模最大、政策性最强、涉及面最广、群众参与程度最高的一项重大生态工程，退耕还林还草的生动实践，给中国国土生态面貌带来了翻天覆地的变化，极大地推动了退耕还林地区的扶贫攻坚和乡村振兴工作。从 1999 年到 2021 年底，全国累计实施退耕还林还草 5.22 亿亩，4100 万农户 1.58 亿农民直接受益，取得了生态改善、农民增收、农业增效和农村发展的巨大综合效益。

增强对土地沙化地区的植物保护：土壤是植被的载体，并与植物相互依存。土地沙化严重的区域可开辟为保护区，做好区域内的水源、湿地以及半干旱区域的保护工作，避免在保护区内放牧、滥砍滥伐或从事农业生产。针对已发生的植被破坏问题予以严肃调查和追责，提升防治工作的质量和效果。

建立防风固沙防护林带：在土地沙化防止工作开展中，可在边缘区域种植防护林带，让防护林带充当防风固沙的屏障。

利用以上多种妙招治理沙化的土地，让原本黄色的沙土悄悄换上绿色的"新衣"，做到不知不觉中"黄毯悄然换绿坪"，让浩瀚的沙海重现草木葱茏的景象！

探索与实践

沙漠周边地区干旱缺水，导致土壤水分不平衡，从而造成土地沙化。结合所学知识讨论，为什么不采用当地的地下水来浇灌土地，确保土壤中水分平衡，避免土地沙化呢？

第二节 赤地千里复生态

"赤地千里"形容天灾或战争造成大量土地荒凉的景象。这个成语出自《韩非子·十过》中"晋国大旱，赤地千里。"在第一节，我们简单介绍了土地沙化的具体防治措施。那么问题来了，土地沙化、土地沙漠化以及土地荒漠化这三个名称是否只是叫法不同但含义相同呢？答案是否定的。我们一起来看看它们各自的含义，对比理解它们之间的区别吧！

"土地沙化"是环境退化的标志，是自然和人为因素共同作用的结果。其过程以耕地风蚀作用和草场风积作用为主。

"土地沙漠化"是指在干旱多风的沙质地表环境中，由于过度的人为活动破坏了脆弱的生态平衡，使原非沙漠的地区出现了以风沙活动为主要特征的类似沙漠景观，造成了土地生产力下降等环境退化过程。其以地表覆盖沙层厚度在10厘米以上为标准。堆积的风沙物质多来源于本地区地表的物质，即属于"就地起沙"。

"土地荒漠化"是指降水与蒸发比在 0.05 至 0.65 范围内的地区因为各种人为和自然因素造成的土地退化。结合我国实际情况，荒漠化主要包括水土流失、土地沙化、草原退化、耕地退化、土地盐渍化、冻融等。而之所以特意强调降水与蒸发比，是因为如果是在南方许多降水和蒸发比大于上述这个范围的湿润和半湿润地区，虽同样有沙化问题，但并不在荒漠化范围内。

了解了土地沙化、沙漠化及荒漠化的区别后，让我们向知识再迈进一步，学习一下土地荒漠化的细节知识吧！

土地荒漠化的类型

中国荒漠化土地主要包括四种类型：风蚀荒漠化、水蚀荒漠化、盐渍化、冻融荒漠化。根据《中国荒漠化和沙化状况公报》显示，风蚀荒漠化土地面积达 182.63 万平方千米，占全国荒漠化土地总面积（公报中调查结果为 261.16 万平方千米）的 69.93%；水蚀荒漠化土地面积达 25.01 万平方千米，占 9.58%；盐渍化土地面积达 17.19 万平方千米，占 6.58%；冻融荒漠化土地面积达 36.33 万平方千米，占 13.91%。

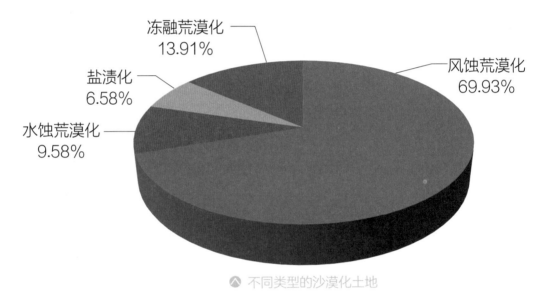

⬆ 不同类型的沙漠化土地

注：因在编写中未查到 2022 年公布的第六次全国荒漠化和沙化调查结果中细分的各荒漠化类型面积占比情况，故在介绍时使用了能查到的最新调查数据，所以此处全国荒漠化土地总面积数据与前文有出入。

土地荒漠化有哪些危害？

土地荒漠化是中国当前最严重的生态环境问题之一，不仅造成土地资源的退化、土地生产力下降，还会导致生态环境恶化、沙尘暴天气发生次数增加，从而给工农业生产和人民生活带来严重影响。

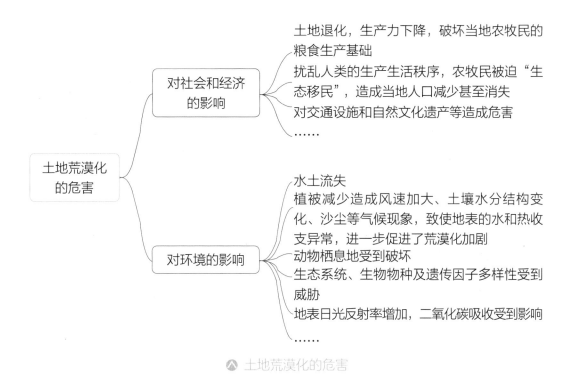

土地荒漠化的危害

对社会和经济的影响
- 土地退化，生产力下降，破坏当地农牧民的粮食生产基础
- 扰乱人类的生产生活秩序，农牧民被迫"生态移民"，造成当地人口减少甚至消失
- 对交通设施和自然文化遗产等造成危害
- ……

对环境的影响
- 水土流失
- 植被减少造成风速加大、土壤水分结构变化、沙尘等气候现象，致使地表的水和热收支异常，进一步促进了荒漠化加剧
- 动物栖息地受到破坏
- 生态系统、生物物种及遗传因子多样性受到威胁
- 地表日光反射率增加，二氧化碳吸收受到影响
- ……

▲ 土地荒漠化的危害

土地荒漠化的危害主要表现在以下五个方面。

一是耕地退化，粮食减产。由于风蚀作用造成耕地多次重复播种，不但加大了农业投资，而且可能延误农时，造成巨大的经济损失；同时，土地荒漠化导致土壤肥力下降，需要施各类化肥才能保证农作物所需的营养供给，从而带来更多的投资成本。

二是草场退化，影响畜牧业发展。土地荒漠化导致草场植被变得低矮稀疏，更容易被风蚀，从而导致荒漠化加剧。植物的生长发育能力减弱、繁殖能力下降，优良牧草数量减少、饲用价值降低，从而使牲畜体况变差、生产性能降低，影响畜牧业的发展。

三是林地退化，植被覆盖率减少。林地是防治土地荒漠化的绿色卫士，但由于水资源的不合理利用及人为的过度砍伐，干旱和半干旱地区的林地资源退化，部分"绿色走廊"变"枯木道"，减少了牧民的薪柴来源，迫使牧民们不得不使用沙漠灌木作为燃料，这进一步加剧了土地荒漠化，破坏了农业生态的屏障，加重了农业灾害的严重程度。

▲ 村民在重庆市酉阳土家族苗族自治县菖蒲盖高山生态旅游度假区驹驰坝二期
治理退化草场

　　四是人地矛盾增大，威胁粮食安全。中国是一个人口大国，随着人口的增长、土地荒漠化的加剧，耕地、牧场数量和生产力下降，进一步激化人口和耕地之间的矛盾，威胁国家的粮食安全。

　　五是土地退化，生物多样性降低。土地荒漠化不但使生物的栖息地范围缩小，而且破坏了生物种群的结构，使物种的生存能力降低，许多物种濒临灭绝。以草原生态系统为例，如果草地沙漠化加剧，食草昆虫数量将会随之减少，紧接着鼠类栖息地减少，真菌、细菌数量和种类减少，最终导致鸟类、青蛙、蛇等数量减少甚至濒临灭绝。

　　威胁城市基建和经济可持续发展。土地荒漠化使中国许多城市承受着其所造成的风沙危害，造成交通拥堵、飞机延误，大量旅客滞留；土地荒漠化还会导致部分水库泥沙量增加，造成较高的经济损失。

　　增大贫富差距，影响社会稳定。中国土地荒漠化多发生在经济欠发达地区，土地荒漠化又进一步加剧了这些地区的贫困程度，扩大了地区间的贫富差距，如果放任不管，久而久之可能会影响经济的发展和社会的稳定。

土地荒漠化的防治方法有哪些？

在上文我们已经简单介绍了土地沙化的防治方法，我们也知道土地沙化和土地荒漠化是有区别的。那么在防治方法的选择上，土地荒漠化与土地沙化有着怎样的区别呢？

土地荒漠化的治理需要提高植被覆盖率，优化土地利用结构，恢复生态系统的良性循环，建立荒漠区的自然生态体系。中国荒漠化土地面积大、分布广，地理和气候条件、沙漠化成因等都相差较大，需要依据不同沙漠化土地所在区域的气候、地形、水文等因素，制定不同的防治措施。

干旱沙漠边缘及沙漠中的绿洲区域存在的主要问题有三个。一是沙漠扩展趋势日趋严重，绿洲受到流沙的严重威胁；二是过度放牧、樵采、乱垦、乱挖等不合理的经济活动使天然荒漠植被遭受严重破坏，生态防护功能日益衰退；三是大水漫灌等不合理的水资源开发利用模式造成水资源严重浪费，挤占了生态用水，导致天然植被枯萎、衰退甚至死亡，绿洲萎缩。

针对该区域，主要采取以下四个措施。

一是保护和拯救现有天然荒漠植被和绿洲，遏制沙漠化土地扩展趋势，抑制流沙侵袭。

二是将目前不具备治理条件，以及具有特殊生态保护价值且相对集中连片的沙化土地划为若干封禁保护区实行严格的封禁保护，充分发挥大自然的自我修复力，逐步形成稳定的天然荒漠生态系统。

三是建立科学的上下游用水制度，推广应用节水措施，合理调节河流上下游用水。

四是在沙漠前沿建设防风阻沙林草带，阻止流沙扩展，并在绿洲外围建设以防风、固沙、减灾为主要目的的大型综合防护林体系。

半干旱地区的沙地存在的主要问题是过度放牧、过度开垦、过度樵采行为严重，造成植被衰败，草场退化、沙化。

该地区主要以保护、恢复林草植被，减少地表扬沙起尘为重点，主要采取以下措施。

一是牧区主要推行划区轮牧、休牧、围栏封育、舍饲圈养，在沙化严重区实行生态移民。

二是农牧交错区在搞好草畜平衡的同时，通过封沙育林育草、飞播造林、造草，退耕还林、退牧还草和小流域综合治理等措施，恢复林草植被；还可建设乔灌草相结合的防风阻沙林带，治理沙漠化土地，遏制风沙危害。

三是将人为破坏严重的沙漠化土地划定若干沙漠化土地封禁保护区，实行严格的封禁保护。

◆ 内蒙古自治区鄂尔多斯市库布齐沙漠生态保护区

◆ 甘肃省酒泉市金塔县鼎新镇，一片片种植梭梭的阻沙网排列有序

高原高寒荒漠化土地存在的主要问题是毁草毁林、过度开垦、过度放牧、乱砍滥樵，湖泊萎缩、草地退化、土地沙漠化趋势加剧。

该地区主要以保护现有植被为重点，主要体现在以下两方面。

一是改变畜牧业发展及生产经营模式，采用生态移民、全面封育、禁采和合理载畜等措施，保护天然林和天然草原，遏制沙化。

二是对本区人烟稀少、治理难度大、相对集中连片的沙漠化土地划定若干沙漠化土地封禁保护区，实行严格的封禁保护。

黄淮海平原半湿润沙地存在的主要问题是局部地区风沙活动强烈，冬春季节风沙危害严重。

本地区以田、渠、路、林、网和林粮间作建设为重点，全面治理沙漠化土地。主要采取的措施是在沙地的前沿大力营造防风固沙林带，结合渠、沟、路建设加强农田防护林、护路林建设，保护牧场、农田和河道，并在沙漠化面积较大的地方大力发展速生林。

　　请查阅资料，了解月牙泉的地理位置，调查其水面萎缩的原因，讨论如何让月牙泉恢复往日的风采。

第三节　草场魔方见奇迹

　　"魔方"全称为魔术方块，是一种神奇的益智玩具。"草场魔方"不同于手中把玩的小魔方，它是一种拥有治沙"魔力"的草方格。沙漠地区气候干旱、降雨量少，中华治沙人凭借着自己的执着和智慧，将"草场魔方"搬到了沙漠，发明了"草方格治沙法"，创造了沙漠变绿洲的奇迹。

▼ 魔方和草场魔方

什么是沙漠中的"草场魔方"？

给沙子设置障碍，削弱地表的风速，减少风力带走的沙量，延缓或阻止沙丘移动的速度，从而减小或避免风沙的危害，是防治土地沙化和荒漠化的重要手段。

"草方格沙障法"就是使用稻草、麦秸秆、芨芨草、芦苇等材料，在流动的沙地上扎成挡风墙，减小风力对土地的侵蚀。同时，这种方法还能储存雨水，提高沙层的含水量，有利于沙地植物的生长。这就是中国人发明的"草场魔方"——草方格。

常见沙障

沙障又叫风障，是用柴草、秸秆、黏土、树枝、卵石等材料在沙地上做成障碍物，用于消减风速、固定流动沙丘和半流动沙丘。

沙障按照所用材料、设置方法、配置形式以及沙障的高低、结构和性能的不同，可划分为不同的类型。

• 按沙障材料是否有生命力划分

机械沙障：用没有生命的材料建立的沙障；

生物沙障：用活的灌木、草本植物建立的沙障，密度较高，起到立式沙障的作用。

• 按沙障的高度划分

高立式沙障：沙面以上沙障的高度为 50 至 100 厘米；

低立式沙障：也叫半隐蔽式沙障，沙障高出沙面 20 至 50 厘米；

平铺式沙障：在沙面上带状或全面铺设抗风蚀材料，不追求高（厚）度。

• 按孔隙度划分

立式沙障的纵断面结构对气流的作用影响很大，一般用空隙度描述沙障的结构。

透风结构沙障：沙障的空隙度在 25% 至 50% 之间；

不透风结构沙障：沙障的空隙度在 25% 以下。

• 按沙障的配置形式划分

行列式沙障：多行沙障平行设置；

格状式沙障：沙障在沙面上呈网格状。

如何搭建"草场魔方"？

草方格沙障属于低立式沙障，适用于风向多变，有主风向和侧风向，且侧风较强的沙区，主要由主带和副带交织成网格状，主带与风向垂直，副带与风向平行。

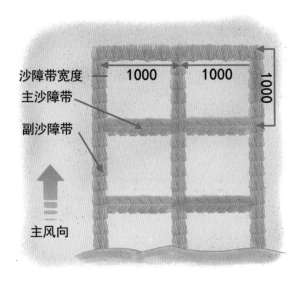

沙障带宽度
主沙障带
副沙障带
1000 1000 1000
主风向

⬆ 草方格沙障的尺寸和方向

草方格的具体铺设方法如下：

准备：在沙地上，依据风向画好边长 1 米的正方形边线，准备干草、手套、铁锹等工具。

➡

清理：戴上手套，拿一把干草顺风拍打，将细碎、较短的劣质草拍掉，留下优质的草。

⬇

踩压：用铁锹沿正方形边线用力踩压草的中间部位，使两端翘起，自然竖立。再用沙子压实根部，形成天然屏障。

⬅

码放：将清理后的草整齐码放在画好的正方形边线上。注意要厚度适中，太厚易倒，太薄抗沙能力不够。

⚠ 铺设草方格

草场魔方有哪些"魔力"?

魔力一:防护

草方格能够增加沙地表面的粗糙度,降低地表的风速,从而减弱风运输沙子的能力,防止沙子流失。

魔力二:保湿

草方格可以将雨水截留在方格中,改善方格内沙土的含水量,还可以在方格中种植固沙植物,防止沙地表面的水分蒸发,促进植物生长。

魔力三:改良

草方格经过长时间的风吹雨淋,作为沙障的干草会逐渐腐烂,为沙地注入丰富的有机质和营养元素,能够促进微生物生长繁殖,进而加速有机物腐烂分解,从而为沙地植物和藻类的生长提供养料,这样良性循环的过程逐渐让沙化或沙漠化的土地恢复生机。

草场魔方之防沙护铁路

包兰铁路，自包头东站至兰州站，全长990千米，1954年10月开工建设，1958年7月建成通车，是我国穿越沙漠地区流沙地带的第一条干线，被誉为"众多沙漠铁路的开路先锋"。线路在中卫至干塘段（中干段）四次穿越腾格里沙漠，长度达55千米，其中沙坡头段的环境最为严酷。沙坡头段铁路线路长16千米左右，地处草原化荒漠带，线路两侧沙丘起伏大，全部为高大密集格状沙丘，年降水量少，且无地下水可供植物利用，因此，沙坡头段的风沙治理成功与否关系到整个包兰铁路的畅通与否。经过科研人员和工程技术人员几十年的努力，包兰铁路沙坡头段的风沙防治工程取得了成功，解决了沿线的流动沙丘固定问题，让我们一起来看看防治中采用了哪些具体的有效措施吧！

▽ 宁夏回族自治区中卫市沙坡头，列车经过包兰铁路长流水展线

　　1954 年 1 月，研究人员在沙坡头建立了我国第一个沙漠铁路观测试验站，开展沙漠铁路的研究工作，于 1957 年初完成了包兰铁路沙坡头段沙漠铁路工程的设计方案。该方案根据沙坡头地区的风沙物理和植物生理特点，采用工程措施与生物措施相结合的治沙方针，即以麦草方格为依托植树种草，固定流沙，并选用沙蒿、花棒、柠条、黄柳、沙枣等本地树种和外来树种，建立了人工植被，抵御风沙侵扰。

　　中国 100 多名科学家和铁路职工先后进行了三角形、圆形、网格状、带状等不同形状的草方格治沙试验，最终发明了中国人的治沙"魔方"——1 米 ×1 米的麦草方格治沙法。一个个草方格成型组成了一张大网，网住了沙丘，自此治沙成功。在治沙有效的情况下，治沙人员又研究在麦草方格中撒播草籽，引黄河水灌溉，令沙生植物成活，完全能控制住流沙。

　　如今，当人们来到包兰铁路沿线，放眼望去会发现那些最初扎入的麦草方格已分解不见了踪迹。沙漠表层有了一层约 0.5 厘米厚的沙结皮，捅破这层保护膜，我们可以看到细微的流沙。沙坡头作为中国治沙方案的发源地，麦草方格从这里走向世界。也正是麦草方格治沙方案的发明，才让人类第一次以胜利者的姿态站在了流沙面前。

▲ 包兰铁路

　　"今日吞风饮黄沙，明天彩虹草原挂。"正是无数科学家和铁路人用敢于担当和不断拼搏的精神，创造了包兰铁路安全畅通 60 多年的"中国奇迹"。

草场魔方之公路防沙带

新疆塔里木沙漠公路是世界上第一条在流动性沙漠中修筑的等级公路，全长 522 千米，其中穿越流动沙漠段长 446 千米。在公路建设中，建造者们利用新疆芦苇碾压成草方格固沙，组成经济可靠、具有中国特色的土工格栅法防沙体系。同风向侧方格宽不少于 50 厘米，下风向侧不少于 30 厘米，并根据风口位置，适当调整。草方格外侧设芦苇阻沙栅栏，宽 20 米至 100 米，埋入沙中 0.3 米，实际高 1.2 米，厚 8 厘米。

随着技术的发展，几年后建造者们又想到了更好的防沙固沙手段来维护塔里木沙漠公路的持续有效使用。2003 年至 2006 年，这里建成全长 436 千米、宽 72 米至 78 米的公路两侧绿化带，替代了超过设计年限的芦苇阻沙栅栏和固沙草方格。

▲ 塔里木沙漠公路

探索与实践

假如在未来的某一天，地球上的沙漠都消失了，这是好事吗？生物和环境会发生怎样的变化？请查阅相关资料并发挥合理想象，以小组为单位讨论一下。

第四节　人沙和谐筑绿洲

　　人沙和谐主要体现在两方面：一是中华治沙人具有一种顽强坚韧、誓与沙漠和谐相处的精神；二是治沙人将治沙与经济发展、脱贫增收有机结合，真正做到人沙和谐。近年来，中华治沙人凭借着人沙和谐的精神和目标，将大片的黄沙变成了绿洲。

消失的沙漠之毛乌素沙地

　　毛乌素沙地是中国四大沙地之一，处于黄土高原与鄂尔多斯高原的过渡地带，跨越内蒙古自治区、陕西省和宁夏回族自治区的 11 个行政县（旗）市，是我国沙漠化严重发展的典型地区之一。

　　据史料记载，毛乌素沙地在秦汉时期还是"沃野千里""仓稼殷积""水草丰美""群羊塞道"的农、牧业兼有发展的地区。唐朝建立后，曾在毛乌素沙地南部进行屯垦。到了唐中后期，军事行动导致农田荒芜、渠道废弃，战火焚烧了森林，战马践踏了草原，日益加重的天然植被破坏情况使沙化越来越严重。唐咸通年间（860 年—873 年），诗人许棠在《夏州道中》留下了"茫茫沙漠广，渐远赫连城"的诗句，说明当时这里的自然环境已发生了很大变化。18 世纪中叶以后，清政府以借地养民、移民实边政策开垦此地，草原破坏达到极点，靖边地区无森林茂树水草肥美之地，而是遍布硬沙梁草地滩。到 20 世纪 50 年代，乌审旗荒漠化、沙化土地达 90% 以上，植被覆盖率仅为 2.6%，漫漫黄沙无情吞噬着人们赖以生存的家园，如何进行荒漠化治理是困扰当地群众的一大难题。

毛乌素沙地的治理过程

1950 年开始，毛乌素沙地开启了漫漫治沙之路，具体治理过程参考如下。

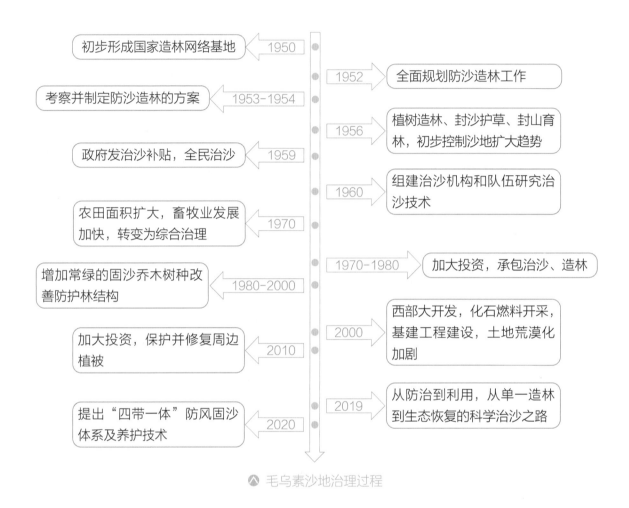

▲ 毛乌素沙地治理过程

知识速递

土地沙漠化防治的四大原则

一、以防为主，防止并举，突出重点，先易后难

二、因地制宜，扬长避短，统筹规划，综合治理

三、沙漠化防治与脱贫致富相结合

四、宣传教育政策引导与农民自愿相结合

毛乌素沙地的治理成果

毛乌素沙地的绿洲化过程显著，2020 年林草覆盖率达 71.38%，沙地生态服务价值整体上升了 198.76 亿元。

毛乌素沙地治理坚持"保护与建设并重""增绿与提质并行"的方针，采取了"庄园式库伦生态经济圈"和"草畜平衡"治理模式。

一是依托国家和地方林业生态重点工程，采取飞播造林、人工造林等措施，大力推进防风固沙林建设，减少风沙危害，改善生态环境。同时对成熟、过熟林进行更新改造，增强综合防护效益，促进沙地生态系统平衡稳定。

毛乌素沙地飞播造林

二是以农牧户为基本单元，围绕农牧户住所，在其周围通过封沙封滩育林，育林育草育灌，育灌种草养畜，形成防沙治沙生物圈。随着养畜经济条件改善，在生物圈发展的基础上建立农庄、果园、牧场、养殖场、饲料加工厂等，形成了以水、草、林、料、机相配套的家庭林场、家庭草场、家庭牧场的"庄园式库伦生态经济圈"。

　　三是坚持以草定畜，严格落实《内蒙古自治区草畜平衡和禁牧休牧条例》，实施草原"带薪休假"，促进草原生态自然修复，加快草原植被恢复，推动草牧业生产经营方式转变，提升绿色有机畜产品供给水平，促进牧区经济可持续发展。

治理中的毛乌素沙地

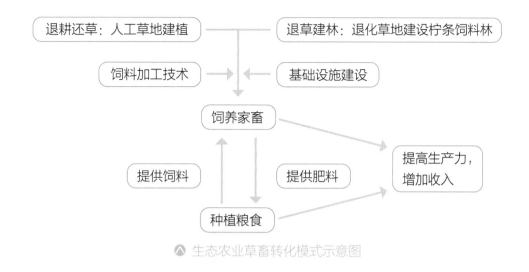

⚠ 生态农业草畜转化模式示意图

消失的沙漠之库布齐沙漠

　　库布齐沙漠位于黄河河套平原以南、鄂尔多斯高原北部边缘。沙漠中流动沙丘约占 61%，沙丘高 10 ~ 60 米。它距离北京较近，是京津沙尘暴的主要来源，一度被称为"悬在首都头上的一盆沙"。

　　库布齐沙漠和上文介绍的毛乌素沙地一样，一开始也是森林茂密、水草丰美、绿茵冉冉、牛羊成群，据《诗经》记载，西周时期，这里是古代少数民族繁衍生息之地。但自商代以后，气候变化，加上黄河泥沙堆积，库布齐沙漠今所在地区的生态环境不断恶化，加上人为破坏森林、草原的经济活动，导致土地逐渐沙漠化。库布齐曾流传一首民谣："沙里人苦、沙里人累，满天风沙无植被；库布齐穷、库布齐苦，库布齐孩子无书读；沙漠里进、沙漠里出，没水、没粮、没出路！"形象地描绘了库布齐沙漠一度十分恶劣的生活情境。

　　经过数十年的辛勤治理，如今的库布齐沙漠有三分之一面积披上了"绿装"，核心治理区域的植被覆盖率已达到 65%，成了享誉国际的中国绿色名片。那么，库布齐是如何创造这样的绿色奇迹的呢？

库布齐防沙治沙的经验包括"锁边"治理、"切隔"治理、"点缀"治理、"封闭"治理和"改良"治理。下面重点介绍前三种方法，感兴趣的读者可查找更多相关资料。

"锁边"治理：主要依托三北防护林、天然林资源保护、京津风沙源治理、重点区域绿化等国家和地方林业重点生态工程建设，在沙漠边缘建设乔灌草锁边林带，阻止沙漠扩展蔓延。

"切隔"治理：依托季节性河流和修建的穿沙公路，将沙漠切割成块，分区治理，建成一道道绿色的生态屏障，控制沙漠的扩展。

"点缀"治理：是指在库布齐沙漠的下湿滩地通过人工造林，带、网、片配置，乔、灌、草结合所建立的一种绿岛或绿洲模式。

为了固沙治沙，库布齐人最开始是有什么苗就种什么树，经过多次尝

130

试，最终耐旱灌木沙柳、柠条、花棒、羊柴等入选为"种子选手"。为了把树种活，库布齐人挖坑种树、推平沙丘种树，后来又利用微创气流法、无人机撒种点播等新技术，不断提高树苗的成活率。

拓展阅读　　**微创气流植树法**

　　两人配合，一个人用高压水枪在沙地中冲出 1 米深的细孔，另一个人将树苗插入孔内，就这样，挖坑、栽树、浇水一次性完成，整个过程只需要 10 秒钟。使用微创气流植树法不仅提高了植树效率，树苗的成活率也被提高到 90% 以上。

　　如何提高种树效率和成活率的问题是解决了，那你种你的，我种我的就可以成功治理库布齐了吗？答案当然是否定的。如何调动广大农牧民的积极性，形成规模化治沙合力才是成功治理的关键。为此，人们想出了"党委政府政策性主导、企业产业化投资、农牧民市场化参与、科技持续化创新"的四轮驱动模式。在四轮驱动模式下，农牧民成为库布齐治沙事业最广泛参与者、最坚定支持者和最大受益者，库布齐走出了一条生态与经济并重的中国特色防沙治沙之路。

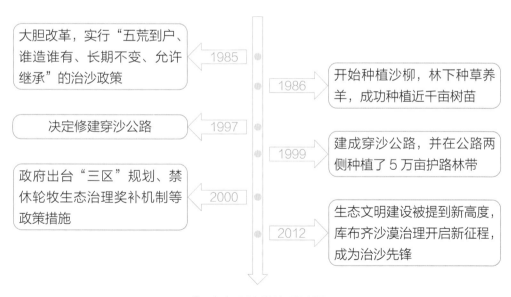

　　库布齐沙漠治理过程

常见的造林方法

◆ 植苗造林：同一块沙地用同级同龄的树苗。阔叶树种采用 1 至 2 年生的长势旺盛、发育良好的分级壮苗；针叶树采用 2 至 4 年的生顶芽饱满的壮苗。树苗失水时，栽前应截干 1/3 ~ 2/3，栽时根茎深入地面 10 厘米，分两次覆土，分层踏实，最后再覆一层松沙土保墒。

◆ 插条造林：在地下水位高、沙地墒情好或有灌溉条件的地区，用杨柳类或萌生力强的灌木柳、柽柳造林时采用此法。所用插条须选自壮树，忌用多代萌生或活力衰退的老枝条。春插的插条应与地面齐平不露头；秋插需略深于地面 3 ~ 5 厘米，以防风蚀。丘间地插高秆造林宜采用 3 至 4 年生枝干，长 2.5 ~ 4 米，小头粗 3 ~ 4 厘米，大头粗 4 ~ 6 厘米，栽前浸水 25 至 30 天，在沙丘背风坡脚和丘间地深栽 0.8 ~ 1 米；地下水深 2 米的沙地，须深栽 1 ~ 1.2 米。

◆ 埋条造林：先挖长 50 ~ 70 厘米、宽 20 ~ 30 厘米的坑，将约 1 米长的带梢头枝条 4 ~ 6 根两侧交叉置坑内，枝梢头外露，培土踩实。

◆ 容器苗造林：适用于已铺设沙障的流动沙丘。在干旱沙丘上须随栽随浇水，初植时每株浇水 0.25 ~ 5 千克确保成活。

◆ 直播造林：在半干旱地区沙地可直播沙生灌木造林。通常在雨季来临前在沙丘迎风坡中下部和丘间地采用穴播或条播；撒播法适用于平缓的沙地或宽阔丘间低洼地和地下水高的沙地。

三十年来，库布齐人面对土地沙漠化的挑战，持之以恒地防风固沙，在顺应自然、尊重自然，利沙之长、避沙之短的基础上，成功地走出一条沙漠生态修复和产业发展之路，让库布齐的生态环境发生了翻天覆地的变化，呈现出一片人沙和谐的景象。

通过以上案例，我们认识到草枯沙翻的时代即将过去，沙进绿退的现象也已一去不复返。曾经一望无际的黄沙，在中华治沙人的不懈努力和卓越智慧下，已经发生了翻天覆地的变化：草也不"枯"了，沙也不"翻"了，都换上了亮丽的"新颜"，成为一碧千里的绿洲。

⚑ 白芨滩国家级自然保护区的绿洲航拍图

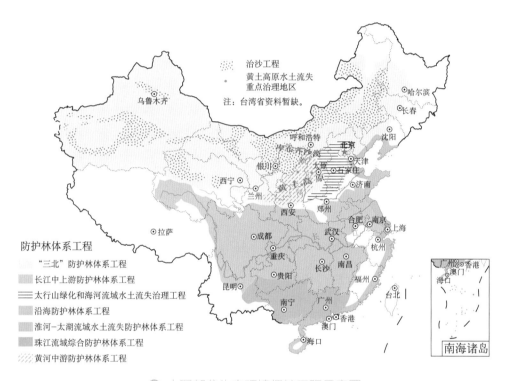

⚑ 中国部分生态环境保护工程示意图

探索与实践

从毛乌素沙地和库布齐沙漠的治理来看，都采用了植树和种草的措施，请以小组为单位，结合所学知识，讨论以下问题：为了防止土地沙漠化，应该种树还是种草？